中国地质调查项目"江西省冷水坑矿集区深部找矿预测"（DD2019057005）
江西省地质局矿产资源综合利用研究项目"基于 DIMINE 平台矿山资源　　共同资助
合理化利用技术研究"（赣地质字〔2022〕19号）

冷水坑矿集区黎圩积幅成矿规律及成矿预测

技术顾问：饶建锋　　陈国华
参编人员：欧阳永棚　魏　锦　蒋起保　孟德磊　贺　玲　唐专钱
　　　　　谢　涛　　李　强　陈　祺　章敬若　舒立旻　卢　弋
　　　　　叶紫竹　　李童斐　曾闰灵　文世权　邓友国　邹　静
　　　　　徐亚男　　张盖之　王钰涛　朱树香　何　义

图书在版编目（CIP）数据

冷水坑矿集区黎圩积幅成矿规律及成矿预测/欧阳永棚等著.—武汉：中国地质大学出版社，2022.12

ISBN 978-7-5625-5409-7

Ⅰ.①冷… Ⅱ.①欧… Ⅲ.①金属矿床-成矿规律-江西②金属矿床-找矿-预测-江西 Ⅳ.①P618.2

中国版本图书馆 CIP 数据核字（2022）第 209590 号

冷水坑矿集区黎圩积幅成矿规律及成矿预测	欧阳永棚 魏 锦 蒋起保 孟德磊 贺 玲 唐专钱	等著
责任编辑：张玉洁	责任校对：何澍语	
出版发行：中国地质大学出版社（武汉市洪山区鲁磨路388号）	邮政编码：430074	
电　话：(027) 67883511　　　传　真：67883580	E-mail：cbb @ cug.edu.cn	
经　销：全国新华书店	https://cugp.cug.edu.cn	
开本：787mm×1092mm 1/16	字数：231千字　印张：9.25	
版次：2022年12月第1版	印次：2022年12月第1次印刷	
印刷：广东虎彩云印刷有限公司		
ISBN 978-7-5625-5409-7	定价：68.00元	

如有印装质量问题请与印刷厂联系调换

前 言

冷水坑矿集区地处江西省中东部，总体从北西往南东侧地势趋复杂，山体总体呈近北北东-南南西方向延伸，区内山脉属丘陵-低山地貌。黎圩积幅区域较系统的地质矿产工作始于1963年，先后在区内进行过不同性质、不同比例尺的区域地质调查、矿产概查、预查、普查、详查、勘探和成矿预测等工作，发现了较多的金属、非金属矿点，矿种主要有银、铅、锌、金、铜、钼、钴、石墨、磷、重晶石、玛瑙、高岭土、沸石等，并圈定了一批较好的物化探异常，显示了良好的找矿前景。

本研究根据以往的工作基础，在江西省冷水坑矿集区范围内开展1∶5万矿产地质专项测量、水系沉积物测量、地面高精度磁法测量工作。查明区域控矿地质条件，圈定矿化有利地段和物化探异常；利用大比例尺地质、物探、化探等手段，开展异常查证及矿点检查，主攻铅锌金（兼顾铜银）矿种，提出可供进一步工作的找矿靶区；总结成矿规律，对矿集区资源潜力作出评价，并对其矿产资源地质潜力、技术经济条件、地质环境条件进行"三位一体"的综合评价；开展综合研究，在构建成矿地质体、成矿构造和成矿结构面、成矿作用特征标志、找矿预测地质模型的基础上，结合物探、化探资料，建立综合找矿模型，完善成矿理论。

本研究由一线地质工作者、科研机构、高等院校、测试中心协作攻关。图书是在科研报告的基础上进一步完善而成。它以大量的野外第一手资料为依据，结合详细的室内研究工作，对冷水坑矿集区黎圩积幅成矿规律及成矿预测展开研究，圈定物化探异常，讨论区域地质背景和典型矿床特征，完善成矿模型，厘清成矿规律，并对区域内矿产资源潜力进行评价。

著者
2022年9月

目 录

第一章 绪 言 …………………………………………………………………… (1)
- 第一节 研究区范围及自然地理概况 ………………………………………… (1)
- 第二节 已有研究工作 ………………………………………………………… (3)
- 第三节 主要研究成果 ………………………………………………………… (4)

第二章 区域地质特征 ……………………………………………………… (6)
- 第一节 大地构造背景 ………………………………………………………… (6)
- 第二节 地层 …………………………………………………………………… (7)
- 第三节 岩浆岩 ………………………………………………………………… (12)
- 第四节 变质岩 ………………………………………………………………… (21)
- 第五节 构造 …………………………………………………………………… (22)
- 第六节 区域地球物理 ………………………………………………………… (26)
- 第七节 区域地球化学 ………………………………………………………… (33)
- 第八节 区域矿产 ……………………………………………………………… (36)

第三章 黎圩积幅遥感、地球物理与地球化学特征 ……………………… (38)
- 第一节 遥感特征 ……………………………………………………………… (38)
- 第二节 地球物理特征 ………………………………………………………… (41)
- 第三节 地球化学特征 ………………………………………………………… (54)

第四章 矿床(点)地质特征 ………………………………………………… (69)
- 第一节 虎圩金(铅锌)矿床"三位一体"地质特征 ………………………… (69)
- 第二节 冷水坑铅锌银矿床"三位一体"地质特征 ………………………… (82)
- 第三节 黎圩积幅其他矿床(点)地质特征 ………………………………… (91)
- 第四节 本次工作新发现矿点的地质特征 ………………………………… (98)

第五章 区域成矿规律 ……………………………………………………… (104)
- 第一节 成矿地质体特征 ……………………………………………………… (104)
- 第二节 成矿构造及成矿结构面特征 ………………………………………… (104)
- 第三节 成矿作用特征标志 …………………………………………………… (105)
- 第四节 "三位一体"地质模型 ……………………………………………… (105)
- 第五节 矿床成因与成矿模式 ………………………………………………… (107)
- 第六节 成矿系列与成矿谱系 ………………………………………………… (111)

第六章 成矿预测与资源潜力评价 ………………………………………… (114)

第一节　矿产预测方法……………………………………………………（114）
　　第二节　建模与信息提取…………………………………………………（114）
　　第三节　资源量定量估算…………………………………………………（128）
　　第四节　资源环境综合评价………………………………………………（133）
第七章　主要成果与展望………………………………………………………（136）
　　第一节　主要研究进展……………………………………………………（136）
　　第二节　展望………………………………………………………………（139）
主要参考文献……………………………………………………………………（140）

第一章 绪 言

第一节 研究区范围及自然地理概况

冷水坑矿集区地处江西省中东部，西起抚州市东乡区，南到金溪县，北至鹰潭市月湖区，东至贵溪市，属抚州市、鹰潭市、上饶市管辖。东西长76余千米，南北跨度达37余千米（图1-1）。矿集区从北西往南东总体地势变得更加复杂，山体呈近北北东-南南西向延伸，呈丘陵-低山地貌。最高海拔标高700余米，相对高差200～300m。沟谷方向一般近南北向，北部及东部溪水自南向北流入信江，西部溪水流入抚河。

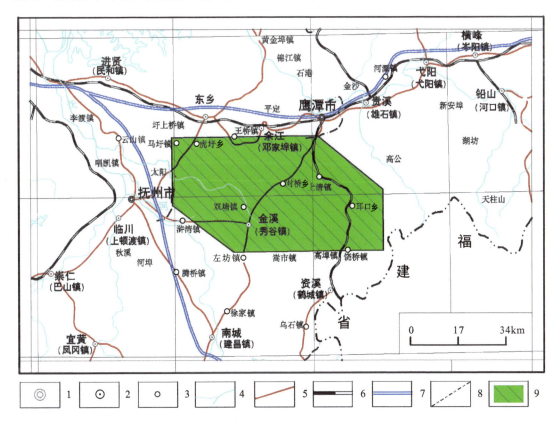

1.市政府驻地；2.县政府驻地；3.乡镇政府驻地；4.河流；5.公路；6.铁路；7.高速公路；8.省界；9.矿集区范围。

图1-1 江西省冷水坑矿集区交通位置图（江西省地质矿产勘查开发局九一二大队，2020，有修改）

江西冷水坑矿集区黎圩积幅（H50E024011）地处东乡区南侧，区内铁路、公路纵横成网，浙赣铁路、沪昆高速、320国道及新建的沪昆高铁横贯东西，鹰厦铁路、济广高速、东昌高速纵通南北，加之乡镇间有水泥公路相通，村与村之间有简易公路相连，交通便利（图1-1）。

该区域属亚热带湿润季风气候区，3—6月为梅雨季节，年最高气温40℃，最低-3.9℃，年总降雨量1148~1838mm，年总蒸发量1517~1892mm。区内经济欠发达，农业以种植业、养殖业为主，兼有农副产品加工业；工业以金属、非金属采矿业及小型加工业为主，交通运输业为本地的特色服务业。区内矿产资源较为丰富，矿产种类以贵金属和有色金属为主，主要优势矿种有铜、金、银、铅、锌等，非金属矿产有优质石灰石、石英、瓷石、蛇纹石等。区域经济以采选业和钢铁冶炼加工业为主导，农、林、牧业近年来也有较大改善。

区域内开展过不同比例尺的区域地质调查、矿产地质调查和物化探调查工作，工作程度如图1-2所示。

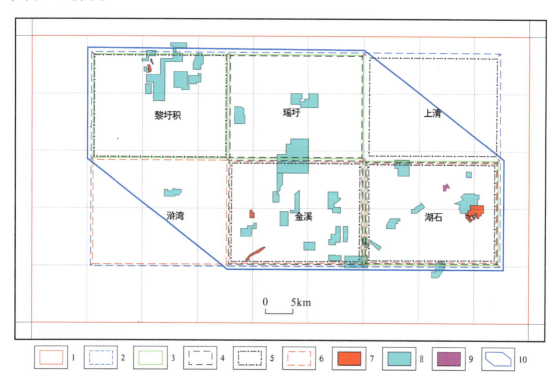

1.1:20万区域地质调查、1:20万重砂测量、1:20万航磁测量、1:20万重力测量、1:20万水系沉积物测量；2.1:5万区域、矿产地质调查，1:5万土壤测量；3.1:5万磁法测量；4.1:5万重砂测量；5.1:5万水系沉积物测量；6.1:20万水文地质测量；7.矿区详查；8.矿区普查；9.矿区勘探；10.矿集区范围。

图1-2 江西省冷水坑矿集区工作程度图（江西省地质矿产勘查开发局九一二大队，2020，有修改）

第二节 已有研究工作

1973年,黎圩积幅区域地质调查工作期间,完成了1:5万地质填图,重砂、水系沉积物、土壤、岩石地球化学测量。地质部分主要成果:将研究区中生代火山岩系划分(自上而下)为周家源、花草尖、虎岩、梧溪4个喷发旋回(组),查明了岩石特征,划分出火山穹隆、复活火山口沉陷(破火山口)、火山口等不同级别的火山构造;初步探讨了火山作用与构造的关系,认为火山活动处于东西向与新华夏系构造复合部位,经历了多期交替复活、演化;初步探讨了区内火山作用与成矿的关系。矿产部分主要成果:查明铁锰、铅锌铜、金、锌、重晶石、珍珠岩、玛瑙矿(化)点共17处,简述了其成矿地质背景及矿化特征;圈定重砂异常44处,主要为自然金、方铅矿、独居石、钛铁矿、辰砂、雄黄、锆石;圈定土壤地球化学异常16处,主要元素组合有Pb-Zn、Au、As、Cu;圈定水系沉积物异常17处,元素组合有Pb-Zn-Cu、Pb、Ba、Pb-Sn-Cr、Ag-Sn-Zn-Ba、Ag-Zn-Cu、Zn-Ba等;划分出3个成矿远景区和4个成矿有利地段。

1982年完成的"江西贵溪冷水坑斑岩型铅锌矿区地球化学特征"项目取得了以下成果:采用多元数理统计分析法进行对比论证,认为冷水坑铅锌矿床系列的次火山岩有花岗斑岩系列和石英正长斑岩系列两种,其中花岗斑岩系列与冷水坑铅锌矿床的成因联系密切,石英正长斑岩系列与矿床成因无关。从地球化学角度推测出矿区F1、F2及北西向断裂带的存在,将矿石划分为火山沉积-热液叠加和次火山热液两大成因类型,将矿床成矿期划分为3期。初步建立了冷水坑斑岩型铅锌矿床的地球化学模式,为深入研究冷水坑矿床成因及相应的地质找矿问题提供了借鉴。

1988年"江西贵溪冷水坑矿田银铅锌矿扩大远景及金(铜)成矿条件研究"项目重点研究了金(铜)成矿条件,全面分析了金(铜)的分布、富集规律,提交了金矿靶区验证设计和研究报告。研究认为,冷水坑矿田具备较好的金成矿条件,计算金矿E级储量大于1.1t,F级储量近5t,矿田存在斑岩型、脉带型、层控叠生型3种矿床类型,并且对其划分了5个Ⅰ级和4个Ⅱ级成矿预测区。

1988年"江西省贵溪县冷水坑银矿床中铁锰碳酸盐银铅锌矿物成分及矿化特征研究"项目对冷水坑银矿床中铁锰碳酸盐型银铅锌矿的物质成分及银的赋存状态、矿体形态、产状、矿石类型、矿化阶段、银金的矿化富集规律、成矿地质条件等进行了较全面的研究。研究认为,该矿床类型新,有多种元素可供利用,具有较高的经济价值。该项目对矿床综合评价、矿石综合利用、选矿试验、矿床开发利用、矿床勘探和确定找矿方向均有一定的指导意义。

1989年"江西冷水坑-梨子坑中生代火山岩地区银铅锌金铜成矿预测研究"项目取得了以下主要成果:较系统地对区内各时代地层和岩浆岩中的Au、Ag、Cu、Pb、Zn等元素进行了定量分析;对区内中生代陆相火山杂岩的多旋回喷发、侵入、沉积特点进行了较全面的研究与总结,尤其是在厘定各旋回岩组形成年龄方面提供了较为可信的依据,也为邻区各火山旋回的对比划分提供了有价值的资料;基本阐明了火山-次火山岩石学、岩石化学、岩石地球化学及同位素地球化学等方面的主要特征;将区内与火山-次火山岩有关的矿床划分为潜火山岩型、火山热液型和火山沉积-热液叠生型 3 种成因类型,并结合岩浆来源建立了成矿模式,开展了成矿预测工作。

1994 年完成的"江西东乡—贵溪地区控矿构造与成矿预测"项目对本区构造体系控矿作用的基本特征进行了概括,主要包括两点:①银金多金属矿产主要受新华夏系构造、华夏系构造和东西向构造分级控制;②新华夏系早期的强烈活动及其应力场对成岩成矿具有重要的控制作用。新华夏系构造是本区燕山成矿期的主导控矿构造体系。该研究工作确定了宝山-东岗山矿带内的珊城成矿预测区和虎圩-城门矿带内的枫山埠成矿预测区。

2015 年《中国矿产地质志·江西卷》在充分利用已有矿产勘查与综合研究成果的基础上,对全省地质找矿成果进行了综合集成,从理论上对本区域成矿条件、成矿规律进行了总结提升。

2017 年《中国区域地质志·江西志》按照"新、全、准"的要求,对资料进行了核实。在此基础上,运用最新的地质科学理论对基础地质资料进行了深度集成与系统综合研究,对 1984 年版《江西省区域地质志》进行了更新,对江西省的地层、沉积岩和沉积作用、火山岩及火山作用、侵入岩与深成作用、变质地质、区域地球物理、地球化学与遥感信息、地质构造及区域地质发展史进行了全面总结。

另外,矿集区内还完成了大量专题研究,如 1963 年《江西省东乡地区中生界火山沉积岩系划分与时代讨论》、1982 年《江西省金溪县峡山石墨矿床伴生组分钒的综合评价与利用问题》、1994 年《赣东北地区铜多金属矿床同位素找矿评价研究》等。

以上地质科研工作取得了大量成果资料,亦为以后地质找矿工作指出了方向。但随着新的成矿理论、先进技术和先进工作方法的问世,一些问题和难点逐渐凸显出来,并日益显得重要而亟待解决,如构造与矿化的关系,岩浆岩的类型、成岩时代、空间分布及其与成矿的关系,地层的岩性、分布及其与成矿的关系,成矿规律等。

第三节 主要研究成果

(1) 通过 1∶5 万水系沉积物测量工作,圈出 9 处综合异常,总面积 44.31km²,其中甲$_1$ 类 3 处,乙$_2$ 类 1 处,乙$_3$ 类 3 处,丙$_1$ 类 2 处。

(2) 通过 1∶5 万高精度磁法测量工作,圈出 15 处磁异常,磁异常整体较为杂乱,正异常呈北东向展布。异常主要分布在调查区北部赛阳关、虎圩、笔架尖及中部欧家、牧阳科、白云峰等地区。异常多表现为正、负异常相伴生,具条带状形态。

(3) 新发现矿(化)点 2 处,分别是西塘铜矿点和甘坑林场铅锌矿化点。

(4) 通过矿产潜力评价工作,优选出陆相次火山热液型金矿最小预测区 6 个,其中 A 类预测区 4 个,B 类预测区 2 个;铜矿最小预测区 9 个,其中 A 类预测区 2 个,B 类预测区 3 个,C 类预测区 4 个;铅矿最小预测区 6 个,其中 A 类预测区 4 个,C 类预测区 2 个;锌矿最小预测区10个，其中A类预测区4个，B类预测区2个，C类预测区4个。

（5）在单矿种预测区圈定与优选的基础上，进行了综合评价与人工优选排序，共划分出7个综合预测区，其中A类3个，B类2个，C类2个。在500m以浅预测金资源量5.73t，铜资源量13 192.19t，铅资源量170 202.73t，锌资源量158 467.67t；在1000m以浅预测金资源量11.46t，铜资源量26 384.37t，铅资源量340 404.98t，锌资源量316 935.33t。

第二章　区域地质特征

第一节　大地构造背景

江西冷水坑矿集区隶属于华南成矿省钦杭东段南部成矿亚带（杨明桂等，2018）（图2-1），位于江西省中东部地区溪口岩，处于萍乡-广丰拼接带南侧。该矿集区主体位于饶南坳陷，南侧及南西侧小部分属于武夷隆起带和武功山隆起（杨明桂等，1994；Chen，2006；余忠珍等，2008；Qi et al.，2022）（图2-2）。区内西段中生代火山岩盆地边界为饶南坳陷带南部的边界断裂带，它总体为一个向北侧前陆地带逆冲推覆的褶皱带，南与南岭武夷山成矿带呈过渡关系。

图2-1　江西省冷水坑矿集区成矿区划示意图（江西省地质矿产勘查开发局，2017，有修改）

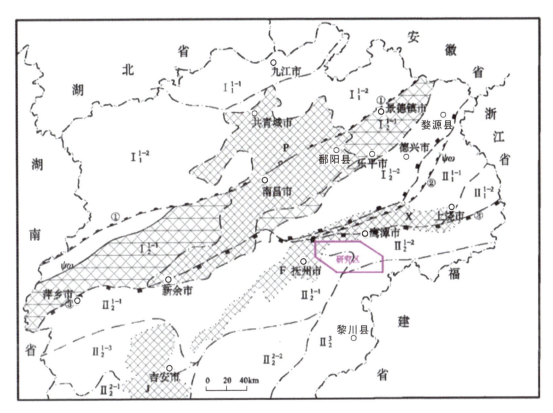

I_1.扬子板块-扬子陆块-下扬子地块;I_1^{1-1}.长江中下游坳陷带九江坳陷;I_1^{1-2}.江南隆起带九岭逆冲隆起;I_2.钦杭结合带北带宜丰-德兴混杂叠覆带;I_2^{1-1}.萍乡-乐平坳陷;I_2^{1-2}.万年推覆地体;II_1.钦杭结合带南带信(江)-钱(塘)地块;II_1^{1-1}.怀玉坳陷;II_1^{1-2}.广丰坳陷;II_2.华夏板块东南造山带;II_2^1.云(开)-会(稽山)前缘褶冲带;II_2^{1-1}.武功山隆起;II_2^{1-2}.饶南坳陷;II_2^{1-3}.永莲坳陷;II_2^2.南岭东端隆起带;II_2^{2-1}.罗霄-诸广隆起;II_2^{2-2}.雩山隆起;II_2^3.武夷隆起带;①.宜丰-景德镇板块对接(晋宁)断裂带;②.赣东北地壳叠覆断裂带;③.萍乡-绍兴地壳叠接(加里东)断裂带,赣都断裂系;P.鄱阳盆地;X.信江盆地;F.抚州盆地;J.吉泰盆地;$\wp\omega$.晋宁期蛇绿岩片。

图2-2 江西省冷水坑矿集区所处大地构造位置(江西省地质矿产勘查开发局,2017,有修改)

受区域构造影响,区内北东向、北北东向断裂发育,并控制了主要矿化带的分布。新元古代溪口岩群、万年群和南华纪变质岩分别构成扬子、华夏两大地块的变质基底(Li et al.,1996;Zhou et al.,2002;余心起等,2006;Shu et al.,2009),盖层主要为石炭纪、侏罗纪及白垩纪红层,为浅海-陆相沉积。

第二节 地层

研究区出露地层主要为青白口系、南华系、白垩系以及第四系,零星出露寒武系、石炭系、三叠系及侏罗系（表2-1，图2-3）。与银铅锌成矿关系密切的地层主要为白垩纪火山岩，与石墨成矿关系密切的地层为寒武纪外管坑组浅变质岩。

表2-1　江西省冷水坑矿集区综合地层特征简表（江西省地质矿产勘查开发局，2017，有修改）

地质年代			岩石地层单位		地层代号	厚度/m	矿产及标志层
代	纪	世	群	组			
新生代	第四纪	全新世		联圩组	$Qh_{1-2}l$	0.5～8.4	
		上更新世		莲塘组	Qp_3lt	3～9.37	
		中更新世		进贤组	Qp_2jx	8.78	
中生代	白垩纪	晚白垩世	圭峰群	塘边组	K_2t	>215.11	
				河口组	K_2h	3 687.15	
			赣州群	茅店组	K_2m	>716.67	
		早白垩世	火把山群	石溪组	K_1s	>197.46	银铅锌
				鹅湖岭组	K_1e	318.8（上清） 2 961.3（冷水坑）	
				打鼓顶组	K_1d	349.4（上清） 1 174.9（冷水坑） 4 413.6～8842（东乡）	银铅锌、金
				如意亭组	K_1r	10～40.2	
	侏罗纪	早侏罗世	林山群	水北组	J_1s	>230.05	
	三叠纪	晚三叠世		安源组	T_3a	>174.2	
古生代	石炭纪	晚石炭世		黄龙组	C_2h	>173	
		早石炭世		梓山组	C_1z	150	
	寒武纪	底—早寒武世		外管坑组	$\in_{1-2}w$	>626.3	石墨
新元古代	震旦纪			洪山组	Nh_2-Zh	580	磁铁石英岩
	南华纪	晚南华世					
		早南华世		万源岩组	$Nh_1w.$	912	
	青白口纪	晚青白口世		周潭岩组	$Pt_3^{1b}z.$	1000	

一、新元古代

1. 青白口纪周潭岩组（$Pt_3^{1b}z.$）

青白口纪周潭岩组主要出露于1∶5万瑶圩幅中部地区，伏于南华纪万源岩组之下，属华南裂谷期产物；主要为一套含石榴子石黑云斜长片麻岩、混合岩化黑云片麻岩、变粒岩夹斜长角闪岩等组合；厚1000m左右。

2. 南华纪万源岩组（$Nh_1w.$）

南华纪万源岩组主要出露于1∶5万黎圩积幅甘坑林场—谭江，1∶5万瑶圩幅、金溪

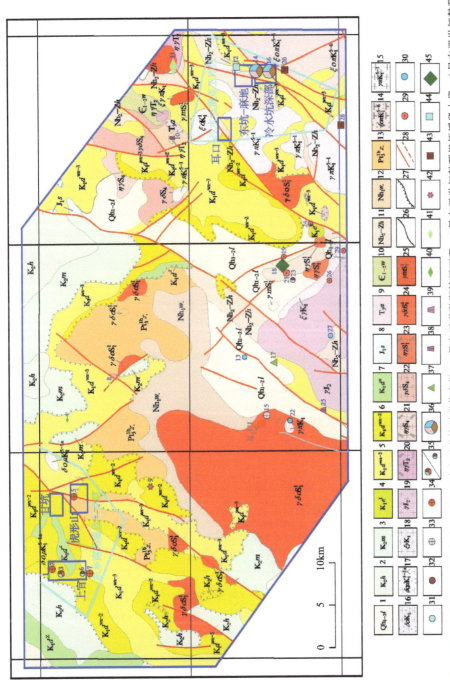

图2-3 江西省冷水坑矿集区地质矿产略图（江西省地质矿产勘查开发局九一二大队，2020，有修改）

1.第四纪全新世联圩组；2.晚白垩世主峰群圩组；3.晚白垩世水北组；4.早白垩世赣州群茅店组；5.早白垩世打鼓顶组梧溪段上段；6.早白垩世打鼓顶组梧溪段下段；7.早白垩世鹅湖岭组；8.早白垩世周家源段；9.晚白垩世安源组；10.寒武纪外管坑组；11.新元古代洪山组；12.早南华世方源岩组；13.晚白垩世青白口世周潭岩组；14.石英正长斑岩；15.花岗斑岩；16.石英闪长岩；17.花岗岩；18.正长花岗岩；19.晚白垩世花岗岩；20.细—微晶二长花岗岩；21.细粒二长花岗岩；22.细粒花岗闪长岩；23.中粒斑状黑云（黑云母）英云闪长岩；24.细粒二云二长花岗岩；25.混合花岗岩；26.地质界线；27.角砾岩；28.实（推）测性质不明断层；29.磁铁矿点；30.钼矿点；31.铅矿点；32.锌矿点；33.铅灰矿点；34.金铅矿；35.金铅锌矿；36.银铅锌矿/铅锌矿；37.重晶石矿点；38.脉石英矿点；39.萤石矿点；40.高岭土矿点；41.瓷石矿点；42.玛瑙矿点；43.饰面用花岗岩矿点；44.石灰岩矿点；45.石墨矿点

幅、上清幅对桥乡—黄通乡—天门寺一带，覆盖面广，伏于洪山组之下，为一套角闪岩相变质岩；主要岩性为夕线二云片岩、黑云斜长变粒岩等。厚912m左右。

3. 南华纪—震旦纪洪山组（Nh_2-Zh）

南华纪—震旦纪洪山组主要出露于1∶5万黎圩积幅及1∶5万金溪幅南部，湖石幅中部东坑—冷水一带，整合于万源岩组之上；主要为一套二云片岩、石英片岩夹大理岩和磁铁石英岩组合。厚580m左右。

二、古生代

1. 寒武纪外管坑组（$\epsilon_{1-2}w$）

寒武纪外管坑组主要出露于1∶5万上清幅北东角，少量出露于金溪幅潮水岩体东侧，整合于洪山组之上；主要为一套深灰色夕线二云片岩、石墨石英片岩、条带状硅质岩等组成的绿片岩相地层。总厚度大于626.3m。

2. 石炭纪梓山组（C_1z）

石炭纪梓山组仅出露于1∶5万湖石幅洞源、新田村等地，与下伏洪山组呈角度不整合接触，与上覆黄龙组呈平行不整合接触，局部呈断层接触；为一套潟湖、滨海相沉积含煤碎屑岩，主要岩性为石英砾岩、砂砾岩、粉砂岩、细砂岩夹碳质页岩。厚约150m。

3. 石炭纪黄龙组（C_2h）

石炭纪黄龙组仅出露于1∶5万湖石幅洞源，为一套浅海碳酸盐岩沉积建造；岩性组合为灰色、暗紫色厚层灰岩，紫灰色纯灰岩（含泥质灰岩夹黑色薄层泥灰岩），灰白色、紫灰色厚层纯灰岩（夹紫红色薄层含泥质灰岩）。厚度大于173m。

三、中生代

1. 三叠纪安源组（T_3a）

三叠纪安源组仅零星出露于1∶5万上清幅赵家湾和石家两处，受后期断裂构造破坏及上覆地层超覆影响，地层出露不全，为一套陆相含煤岩系，典型三角洲含煤碎屑岩建造；底部为复成分砾岩，中部为土黄色砂岩与灰黑色碳质页岩，上部为杂色粉砂质泥岩夹中层状砂岩。厚度大于174.2m。

2. 侏罗纪水北组（J_1s）

侏罗纪水北组零星出露于1∶5万上清幅西部官溪—风向岭一带以及通前岭、花山、船形山等处，不整合覆盖于变质岩基底或早期花岗岩之上，为一套河湖沼泽相沉积含煤碎屑岩建造；下部为黄白色厚层状含砾石英粗砂岩、砂岩，上部为厚层状含砾石英粗砂岩、石英粗砂岩夹碳质页岩。厚度大于230.05m。

3. 白垩纪如意亭组（K_1r）

白垩纪如意亭组主要出露于1∶5万浒湾幅的大山岭、严家、上山东等地，1∶5万上清幅美元村火山盆地及上清火山构造洼地边缘，主体分布于火山岩系最底部，属火山喷发前期正常碎屑沉积，沉积时代比火山作用略早，为一套浅湖含砾砂岩、粉砂岩建造；底部为厚层状砂砾岩或花岗质砂砾岩，顶部为凝灰岩、凝灰质砂岩。厚10～40.2m。

4. 白垩纪打鼓顶组（K_1d）

火山喷发在不同区段受不同性质的构造控制，喷发形式、喷发强度以及形成的岩性岩相及岩石地层序列往往有明显区别。在研究区内，打鼓顶组与鹅湖岭组须按不同火山构造进行划分。

打鼓顶组主要指整合于如意亭组之上，不整合于鹅湖岭组之下的一套火山岩序列，在研究区主要分布于东乡南部火山构造洼地、上清火山构造洼地和冷水坑火山构造洼地3处。

东乡南部火山构造洼地打鼓顶组自下而上为周家源段、花草尖段、虎岩段和梧溪段。早期为溢流相，中期为爆发碎屑流相，晚期又为溢流相。岩性自下而上为流纹质—英安质—安山质。周家源段为粗面安山质含集块角砾熔岩、流纹岩；花草尖段下部为含砾沉凝灰岩，上部为流纹—安山质熔结凝灰岩；虎岩段下亚段下部为凝灰质粉砂岩，下亚段上部为流纹—安山质熔结集块岩，中亚段下部为砂砾岩及凝灰质粉砂岩，中亚段上部为流纹—安山质凝灰熔岩，上亚段下部为紫红色晶屑凝灰岩，上亚段上部为安山岩；梧溪段下亚段为英安质流纹岩、角砾凝灰岩、凝灰质粉砂岩等，中亚段为流纹质英安岩、凝灰质角砾岩、沉凝灰岩，上亚段为安山质熔结角砾岩、熔结凝灰岩、英安质细屑沉凝灰岩。厚4 413.6～8842m。

上清火山构造洼地打鼓顶组在研究区出露两段，总体是以爆发相为主的碎屑流堆积及喷发-沉积相的碎屑岩堆积。下段上部为流纹质含角砾熔结凝灰岩，下夹流纹岩；上段下部为杂色凝灰质细砂岩，安山质含砾沉凝灰岩；上段上部为灰绿色安山岩。厚349.4m。

冷水坑火山构造洼地打鼓顶组出露于熊家、耳口等地，在冷水坑矿区深部亦有分布，与下伏基底呈不整合接触，以爆发相—火山喷溢相为主，为一单独喷发旋回中的两个韵律。下段底部为复成分角砾岩，下部为流纹质晶屑凝灰岩、凝灰岩，上部为长英质角砾岩和火山湖泊相似层状铁锰碳酸盐岩、白云岩、硅质岩（似层状矿体的主要赋矿层位）；上段底部为凝灰质粉砂岩，下部为含集块角砾凝灰岩、含铁锰质碳酸盐岩层，上部为安山岩、流纹质含角砾凝灰岩、粗安岩等。厚1 174.9m。

5. 白垩纪鹅湖岭组（K_1e）

在研究区内，鹅湖岭组不整合于打鼓顶组之上，主要分布于上清火山构造洼地和冷水坑火山构造洼地两处。

上清火山构造洼地中鹅湖岭组仅见其下段，下段下部为灰绿色紫红色细砂岩夹沉凝灰岩，下段中部为灰黑色长石、石英粗面质熔结凝灰岩，下段上部为灰黑色粗面质角砾岩、少斑熔岩、熔结凝灰岩。厚318.8m。

冷水坑火山构造洼地中鹅湖岭组主要为一套酸性—中酸性灰流岩，局部夹熔岩及沉火山碎屑岩，分上、中、下3段。下段为流纹质凝灰岩，夹长英质火山角砾岩、铁锰碳酸盐岩、硅质岩层，底部为沉凝灰岩、凝灰质含砂砾岩及粉砂岩。中段为浅灰色、肉红色流纹质晶屑凝灰岩，局部夹火山角砾岩。上段下部为流纹质熔结凝灰岩、集块角砾熔结凝灰岩；上段上部为肉红色、紫红色流纹岩、石泡块状流纹岩。厚2 961.3m。

6. 白垩纪石溪组（K_1s）

白垩纪石溪组主要出露于蔡家、贯泉、马荃中学一带，不整合于鹅湖岭组流纹质熔结凝灰岩之上，以火山碎屑岩夹沉凝灰岩建造为主；主要岩性为流纹质晶屑凝灰岩夹泥岩。厚度大于197.46m。

7. 白垩纪茅店组（K_2m）

白垩纪茅店组主要出露于浒湾断陷盆地及1∶5万上清幅东北部，为河床相沉积，为一套内陆盆地红色碎屑岩建造，与下伏打鼓顶组梧溪段呈角度不整合接触；主要岩性为紫红色、砖红色砂砾岩夹砂岩，下部夹安山质凝灰岩、玄武岩，底部见砾岩。厚度大于716.67m。

8. 白垩纪河口组（K_2h）

白垩纪河口组主要出露于1∶5万黎圩积幅西南部、瑶圩幅北东部东延至上清幅北西部，不整合覆盖于火山岩地层之上；主要岩性为紫红色、砖红色砾岩、砂砾岩夹粉砂岩，含较多的脉石英砾石、少量片岩及花岗质砾石；岩石经风化淋蚀，易形成丹霞地貌。厚3 687.15m。

9. 白垩纪塘边组（K_2t）

白垩纪塘边组主要出露于1∶5万浒湾幅南西角，整合于河口组之上；主要岩性为砖红色钙质细砂岩、粉砂岩偶夹灰绿色砂岩。厚度大于215.11m。

四、新生代

1. 第四纪进贤组（Qp_2jx）

第四纪进贤组大面积出露于金溪县金溪岩体周边以及1∶5万黎圩积幅北东部，下部为棕红色、紫红色及灰白色砂砾石层、亚黏土，上部为橘红色、紫红色砾石层，局部为深色网纹红土。厚8.78m。

2. 第四纪莲塘组（Qp_3lt）

第四纪莲塘组零星出露于进贤组中，下部为浅黄色砂砾石夹砂层，上部为中粗粒砂层、黏土质粉砂层及亚黏土层。厚3~9.37m。

3. 第四纪联圩组（$Qh_{1-2}l$）

第四纪联圩组主要为河流冲积层和残坡积层，在研究区无基岩处广泛分布，下部为砂砾石层、含砾砂层，上部为细砂、粉砂质黏土、淤泥层。厚0.5~8.4m。

第三节　岩浆岩

区内岩浆作用强烈，活动频繁，岩浆岩分布广泛，各类岩浆岩出露面积约700km^2（图2-3）。侵入岩主要形成于加里东期和燕山期，其岩石类型主要为中酸性。火山岩表现为一套陆相中酸性火山岩建造，主要形成于中—晚侏罗世和早白垩世（孟祥金等，2012；左力艳等，2010）。区内脉岩极为发育，分布广泛，以酸性为主。

一、侵入岩

矿集区主体位于武功山-会稽山构造岩浆岩亚带及武夷构造岩浆岩亚带内，主要侵入岩组合有志留纪活动大陆边缘弧（俯冲）英云闪长岩＋花岗闪长岩组合（金溪岩体）、活动大陆边缘弧（俯冲）花岗闪长岩＋二长花岗岩＋正长花岗岩组合（塘湾、对桥岩体）；中三叠世陆内叠加造山早期黑云母花岗闪长岩、黑云母二长花岗岩和黑云母正长花岗岩组合（白庙、南源岩体）。中晚侏罗世—早白垩世岩浆活动规模最大、最为频繁和强烈，主要有中晚侏罗世陆内造山花岗岩组合（郭前岩体）和早白垩世陆内伸展阶段大量与火山活动有关的花岗岩小岩体及花岗质岩脉组合（高埠、冷水坑、赛阳关岩体）。晚白垩世岩浆活动较弱，主要为侵入周潭岩组的少量基性、超基性岩脉。

1. 志留纪侵入岩

1）金溪复式岩体

岩体侵入早南华世万源岩组。岩体内部结构不均一，内部岩性主要为黑云母斜长花岗岩，边部岩性主要为黑云母花岗闪长岩，向外过渡到均一阴影状混合岩、条带状混合岩。岩体内矿物粒径变化较大，岩体边部普遍被钾质交代。

黑云母斜长花岗岩呈灰白色，中细粒花岗变晶结构，块状、弱片麻状构造，主要由斜长石、石英、黑云母及少量白云母组成。黑云母花岗闪长岩呈灰白色、肉红色，中细粒似斑状花岗变晶结构，块状构造，局部见有条带状构造、片麻状构造，主要由钾长石、斜长石、石英、黑云母及少量白云母等组成。从岩体中心到边部，TFe 含量具较明显的增高趋势。岩体中 Cu、Pb、Ag、Sn 元素含量为维氏丰度值的数倍至数十倍，为后期成矿提供了一定的物质来源。

2）夹岭岩体

夹岭岩体侵入南华纪—震旦纪洪山组中，侵入面极不规则，在外接触带上见有烘烤边，岩体内部片理较为发育，与区域片理产状大致一致，为同期变形构造。岩石类型为黑云母二长花岗岩，色率低，无暗色包体，富含斜长石。

岩石富硅、富碱、低钙，Li、Cr、Co 元素含量较高，Cu、Zn、Mn、Ti、V、Sr、Zr、Ba 元素含量较低。

3）车坎尖、门上岩体

车坎尖岩体位于车坎尖背斜的核部，总体走向为北北西向，呈岩株状产出。岩体与下南华统呈交代-侵入接触，接触关系有突变及渐变两种。突变接触界线清楚，岩体边部矿物颗粒变细，外接触带岩石中的片状矿物具次生加大现象；对于渐变接触，在接触带发育条带状混合岩过渡带。岩体内部的岩石结构、构造较均一，岩性以中粗粒白云母花岗岩为主，次为细粒花岗岩。在岩体内，尤其是接触带附近，普遍见有电气石和白云母。

门上岩体位于中太坪背斜核部，长轴走向为北东东向，呈岩瘤状产出，与早南华世万源岩组呈交代-侵入接触，界线不明显。

这两个岩体岩性相同，为中粗粒白云母花岗岩，呈灰白色，具有中粗粒花岗变晶结构、交代结构，块状构造，团斑状构造。矿物成分主要为钾长石、斜长石、石英、白云母及少量电气石。岩体中 Cu、Pb、Zn、Ag、W、Sn、Bi、Li 等元素含量普遍为维氏丰度值的数倍至数十倍。

4）峡山岩体

峡山岩体位于峡山背斜核部，近南北向展布，呈岩株状产出，出露面积约为 $9km^2$。岩体北西侧与早南华世万源岩组呈交代-侵入接触。岩性主要为黑云母花岗闪长岩。

黑云母花岗闪长岩呈灰白色，具有中粒花岗变晶结构，部分为似斑状结构，块状构造，矿物成分有钾长石、斜长石、石英、黑云母、白云母等。

5）关王岩体

关王岩体侵入门上岩体中，接触界线清楚，呈舒缓波状。岩体内部结构均一，岩体边部常见黑云母化，岩性为细粒黑云母花岗岩。根据野外接触关系推测关王岩体为加里东晚期的产物，其形成时间可能为晚志留世。

细粒黑云母花岗岩呈灰白色，具有细粒花岗变晶结构、交代结构，块状构造。矿物成分主要有钾长石、斜长石、石英、黑云母、少量白云母等。SiO_2 含量为 72.14％，酸度较高，铝过饱和，Ag、Mo 元素含量为维氏丰度值的数倍，而 Cu、Zn、Mn、Ti 等元素含量低于维氏丰度值。

2. 中三叠世侵入岩

中三叠世侵入岩为一套浅色的酸性岩浆岩，在空间上呈近南北向展布，侵入南华纪—震旦纪洪山组中，主要分布于白庙—满坑—江坊一带。部分区域侵入岩体中可见围岩捕虏体，捕虏体多呈透镜状，外接触带边缘发育小向斜。主要岩石类型有斑状二云母花岗闪长岩、斑状二云二长花岗岩。

3. 侏罗纪侵入岩

侏罗纪岩浆岩的分布受北东向、北西向构造控制，呈岩基、岩株、岩瘤状产出。侏罗纪共发现有 5 次岩浆活动，主要发生于燕山早期第二阶段和燕山早期第三阶段（杨明桂等，2016）。

1）中侏罗世粗粒斑状黑云母花岗岩

岩体呈岩株、岩滴、岩瘤、岩基状产出，侵入早南华世万源岩组、南华纪—震旦纪洪山组和洪山组变质岩中。岩体边部可见硅化、绿泥石化蚀变带。经 K-Ar 法测定，岩体同位素年龄为 167.5Ma。岩石类型为粗粒斑状黑云母花岗岩，呈浅肉红色、灰白色，矿物成分为石英、斜长石、钾长石以及少量黑云母。岩石具高硅、高碱、铝过饱和特征，Cu、Ag、Sn、Bi 等元素含量为维氏丰度值的数倍。

2）中侏罗世细粒斑状黑云母花岗岩

岩体呈岩瘤、岩株状产出，侵入中侏罗世粗粒斑状黑云母花岗岩中，接触界线呈舌状、港湾状、波状及楔形。岩体外接触带见有钾长石斑晶定向排列。岩石类型为细粒斑状黑云母花岗岩，岩石呈肉红色、灰白色，具有似斑状结构，块状构造，主要矿物为钾长石、斜长石、石英、黑云母。岩石具高硅、高碱、铝过饱和特征，为钙碱性系列，Cu、Pb、Ag、Mo、Sn、Bi等元素含量高于维氏丰度值。

3）中侏罗世细粒黑云母花岗岩

岩体规模较小，呈岩墙、岩脉状产出，侵入细粒斑状黑云母花岗岩中，两者侵入接触关系清楚，不具定向排列及烘烤现象。岩性主要为细粒黑云母花岗岩，呈肉红色、灰白色，具有细粒结构，块状构造。岩石具有高硅、高碱、钙碱性、铝过饱和特征。

4）晚侏罗世黑云母（二云母）花岗闪长岩

岩体呈岩瘤状产出，岩石类型较复杂，分布规律不明显，以斜长花岗岩、黑云母（二云母）花岗闪长岩为主。岩石具有高硅、高碱、钙碱性、铝过饱和特征，Cu、Ag、Sn、Mo、Bi等元素含量为维氏丰度值的数百倍。该期侵入岩与钼、金等矿产的关系密切，矿化蚀变较强，主要有黄铁矿化、辉钼矿化、硅化、碳酸盐化、绿泥石化、绢云母化等，在岩体边部及内外接触带附近见有含黄铁矿、辉钼矿的石英脉。

5）晚侏罗世石英二长斑岩、黑云母钾长花岗斑岩、黑云母花岗岩

晚侏罗世侵入岩侵入早白垩世鹅湖岭组、打鼓顶组以及燕山期早期岩体中，侵入关系明显，局部与围岩（熔岩）呈渐变过渡。侵入体呈岩瘤、岩滴、岩墙、岩株状产出。主要岩石类型为石英二长斑岩、黑云母钾长花岗斑岩、黑云母花岗岩。侵入岩内部见有爆破角砾岩及角砾凝灰岩捕虏体，其周边为近火山口相的集块角砾岩、角砾凝灰岩、熔结集块角砾岩。岩性有安山玢岩、英安玢岩、花岗斑岩、流纹斑岩、碎斑花岗斑岩、石英二长斑岩。岩石具高硅、高碱、铝过饱和特征，为钙碱性系列，Ag、Pb、Sn、Mo、Bi等元素含量为维氏丰度值的数倍至数十倍以上。

4. 早白垩世侵入岩

早白垩世发生的岩浆活动主要集中在燕山晚期。

畲田岩体：呈岩瘤状产出，侵入早南华世万源岩组中，接触关系清楚，接触面呈舒缓波状。岩性以微粒斑状石英正长岩为主，边部为花岗斑岩。

出云峰岩体：呈大型岩墙状产出，侵入早南华世变质岩及车坎尖岩体中，接触界线清楚。边部发育有花岗斑岩或流纹斑岩带，与内部石英正长斑岩呈渐变过渡。

畲田岩体与出云峰岩体具有相似的岩石化学特征，均表现为高硅、高钾，属于钙碱性系列，Ag、Pb、Sn、Mo、Bi、Ni等元素含量为维氏丰度值的数倍至数十倍，最高达84倍。

炼丹坪岩体：呈岩株状产出，总体走向北东，倾向南东，倾角大于60°。与南华纪—震旦纪洪山组、洪山组变质岩、加里东期混合岩、早白垩世鹅湖岭组火山岩和斑状花岗岩呈侵入接触。岩体在平面上可分为边缘相（花岗正长斑岩）、过渡相（石英正长斑岩）、中心相（石英正长岩），其间均为过渡关系。经K-Ar法测定，岩体同位素年龄为122.3～117Ma。

阳泗板岩体：呈岩枝、岩脉状产出，侵入银路岭花岗斑岩和燕山晚期石英正长岩中，主要岩性为流纹斑岩，边部流动构造发育。

银珠山岩体：呈岩枝状产出，侵入银路岭花岗斑岩中，主要岩性为钾长花岗斑岩。

雾迷山岩体：主要岩性为钾长花岗斑岩，侵入燕山早期高阜花岗岩和鹅湖岭组下段火山岩中。

熊家山岩体：出露于金溪岩体的边部，受北东向和北西向两组断裂构造控制，地表岩体不连续，呈串珠状分布，总体走向北西，呈岩滴或岩墙状产出。与加里东期金溪岩体呈侵入接触。岩体边部普遍发育有爆发角砾岩，局部见有流动构造。该岩体很可能为与火山作用有关的次火山岩体。主要岩性为花岗斑岩，次为爆发角砾岩。岩体内外接触带矿化蚀变较强，主要有绿泥石化、硅化、碳酸盐化、萤石化及黄铁矿化，局部见有黄铜矿化、辉钼矿化、金矿化、银矿化等。

沙坊源岩体：呈岩墙状产出，与早南华世万源岩组呈侵入接触，局部为断层接触。主要岩性为花岗斑岩，次为爆发角砾岩。岩体内接触带矿化蚀变较普遍，主要有细脉浸染状黄铁矿化、硅化、绿泥石化、碳酸盐化，局部发育高岭土化；外接触带主要为硅化、黄铁矿化，局部具有金矿化。

5. 晚白垩世侵入岩

晚白垩世侵入岩体侵入周潭岩组中，侵入关系明显。岩体中见有云母片岩捕房体，外接触带见有混染边。岩体内部矿物无定向性。主要岩石类型为辉石橄榄岩和橄榄辉石岩。

6. 脉岩

区内岩浆活动具有多期性，每期岩浆活动都伴随着岩脉侵入。酸性岩脉主要有花岗岩脉、花岗斑岩脉、花岗伟晶岩脉、伟晶岩脉、石英斑岩脉、细晶岩脉；中性岩脉有安山玢岩脉、云斜煌斑岩脉、角闪黑云煌斑岩脉、正长岩脉、石英正长斑岩脉、正长斑岩脉、闪长玢岩脉；基性岩脉有辉绿岩脉、辉绿玢岩脉。

二、火山岩

白垩纪是区内中生代火山喷发最强烈的时期。区内火山岩主要分布于东乡南部火山构造洼地、贵溪上清火山构造洼地以及冷水坑火山构造洼地。火山岩岩性组合和岩相类型均较为复杂，主要有熔结集块岩-流纹质熔结角砾岩-流纹质熔结凝灰岩构造岩石组合和潜火山岩构造岩石组合。在熔结集块岩-流纹质熔结角砾岩-流纹质熔结凝灰岩构造岩石组合中，火山碎屑物含量大于90%，为火山爆发产物直接从空气中坠落堆积而成，按火山碎屑粒的大小分为熔结集块岩、熔结角砾岩及凝灰岩。流纹质熔结凝灰岩为区内侏罗纪、白垩纪的火山岩地层中最主要的岩石类型，常见于打鼓顶组、鹅湖岭组、石溪组等地层中。在潜火山岩构造岩石组合中，潜火山岩侵入火山岩系，呈岩墙、岩枝、岩瘤、岩株等状产出，有的顺火山岩原生裂隙贯入而成，有的沿火山颈通道空隙侵入。岩性以熔岩为主，含少量角砾状隐爆角砾岩。岩石以斑状结构为主，与熔岩相比，结晶稍粗，形成时间偏晚。潜火山岩主要为赛阳关附近的石英闪长玢岩，侵入晚侏罗世—早白垩世火山岩系中。前人工作中从地层学角度，将火山岩划分到打鼓顶组和鹅湖岭组，代表两个喷发旋回。周家源段、花草尖段、虎岩段、梧溪段属于打鼓顶组，代表4个喷发亚旋回。现分别叙述如下。

打鼓顶旋回：周家源喷发亚旋回主要分布于虎圩、周家源、赛阳关、松林等地，主要为喷溢亚相的流纹质英安岩及英安质集块岩、凝灰岩；花草尖喷发亚旋回呈北东东向条带状展布，从肖家庄至松林、周坊，其主要岩性为熔结凝灰岩，与下伏周家源喷发亚旋回呈喷发-

沉积不整合接触；虎岩喷发亚旋回主要分布在青湖至刘家一线，呈北东东向条带状分布，其岩性为集块岩、含集块凝灰角砾岩、角砾凝灰岩、熔结集块岩、含集块熔结角砾岩、熔结凝灰岩及凝灰岩等；梧溪喷发亚旋回与下伏虎岩喷发亚旋回有明显沉积间断，其岩性主要为流纹质英安岩、英安岩、流纹质凝灰熔岩、英安质流纹岩、安山岩、凝灰熔岩、爆破角砾岩、流纹质晶屑凝灰岩。

鹅湖岭旋回：是晚于打鼓顶旋回的一期火山喷发作用，主要分布于瑶圩、岩前等地，主要由爆发碎屑流相火山碎屑岩组成，岩性有流纹质凝灰熔岩、英安岩、爆破角砾岩等。

结合区域地层剖面分析，本区域火山作用方式是爆发和喷溢并存，火山碎屑和熔岩相间成层，具有复合喷发特点。在垂向上，打鼓顶组岩性往往由酸性（流纹质）开始，向中酸性至中性（安山质）或中性富碱（粗面安山质）演化，鹅湖岭组岩性由流纹质向英安质、粗面质过渡。

1. 火山岩相特征

根据研究区内中生代各火山喷发旋回的岩石类型、组合特征及分布规律，再结合岩浆作用、喷发、搬运方式和堆积环境，可将中生代火山岩岩相归纳为爆发相、爆溢相、喷溢相、侵入相、次火山岩相、火山通道相及喷发-沉积相7种类型（表2-2）。

表2-2　江西省冷水坑矿集区中生代火山岩岩相划分简表（江西省地质矿产勘查开发局，2017）

岩浆作用		成岩环境	岩石组合	分布规律及特征
爆发相	空落亚相	地表开放环境	含角砾晶屑凝灰岩、晶屑玻（岩）屑凝灰岩、晶屑凝灰岩	分布于火山通道周围及外围
	碎屑流亚相		含角砾晶屑熔结凝灰岩、晶屑熔结凝灰岩	分布于火山通道周围、火山斜坡及外围，平面上围绕着火山通道呈环形、弧形展布
	崩落亚相		流纹质集块岩、流纹质角砾岩	分布于火山通道附近，为近火山口标志之一
爆溢相		地表开放环境	含角砾晶屑凝灰熔岩、晶屑凝灰熔岩	分布于近火山口及火山斜坡，为呈舌状分布的熔岩流
喷溢相			安山岩、石英粗安岩、粗面岩、流纹岩、粗面流纹岩	见于火山通道周围，呈岩舌、岩流状展布
侵入相		地内浅处封闭环境	以粒状碎斑熔岩为主	见于火山机构内，剖面上呈岩穹、岩钟状
次火山岩相			石英二长斑岩、流纹斑岩、花岗斑岩	见于火山及火山通道附近，平面上呈岩脉、岩墙、岩瘤状产出
火山通道相		地表、地内兼有的半开放环境	晶屑凝灰岩、晶屑凝灰熔岩、隐爆角砾岩	见于火山口、火山通道中，剖面上呈筒状、喇叭状产出
喷发-沉积相		水域环境	凝灰质砂砾岩、凝灰质砂岩	呈夹层状分布于各破火山口湖、火山喷发盆地及火山作用形成的斜坡洼地中

2. 火山机构特征

区域性断层对中生代火山机构的控制非常明显，区域性东西向、北东向、北北东向、北西向等方向断层及多组断层的复合部位分级控制着区内火山构造的发育（表2-3）。

表2-3 江西省冷水坑矿集区火山机构特征一览表（江西省地质调查研究院，1973）

Ⅰ级	Ⅱ级（火山口）	基本特征
I_1美元村火山喷发盆地	区内未见火山口，为裂隙式喷发	位于研究区北部，平面上呈弯刀形，呈北东向、北西向延伸，北部被红层不整合覆盖，由如意亭组、打鼓顶组、鹅湖岭组、冷水坞组组成。与基底呈喷发不整合接触，北部被晚白垩世圭峰群红层角度不整合覆盖
I_2天台山火山构造洼地	应天山、大脚岭、仙人山、天台山、黄泥岗头、麻地、九龙	位于研究区西部，受区域性北东向和北西向断层控制，属裂隙-中心式喷发形成的火山构造洼地。地貌上为一些高耸的山峰。由如意亭组、打鼓顶组、鹅湖岭组组成，熔岩分布较广，次火山岩不发育。间夹有一些喷发-沉积和崩落堆积、碎屑流堆积的火山碎屑岩。火山岩地层由边部往中心由老变新，产状呈倾斜内倾
I_3炼丹坪火山穹隆	彭斜、炼丹坪、闽坑	位于研究区中部，地貌上为锥形突起，主要为鹅湖岭组第二、第三段，西侧以喷溢相的流纹岩为主，东侧以爆发相的凝灰岩、集块角砾岩、熔结凝灰岩为主，受后期岩体的侵入破坏，保存不完整。彭斜火山通道及其附近，具有Cu、Pb、Zn、Au、Ag矿化
I_4孤萝山破火山口	银路岭、大坑山、源头	位于研究区南东部，向东延伸出图，受区域性北东向、南北向断层控制明显。主要有鹅湖岭组一至四段，岩相较为齐全，岩性复杂。放射状、环状断层发育。其中银路岭火山口内蚀变类型多，以绢云母化、硅化、绿泥石化、黄铁矿化、碳酸盐化为主，矿化富集，冷水坑超大型斑岩型铅锌银矿床即位于其中，主要矿体赋存于花岗斑岩和隐爆角砾岩中
I_5赛阳关火山穹隆	区内未见火山口	北部边界大致在东乡-杨溪连线一带，南与虎岩、银峰尖等火山构造相连，西部为白垩系所覆盖。平面呈不规则的椭圆形，长轴呈北北东向，是一个大型复式火山构造。构成火山穹隆的火山产物，由两个喷发旋回的喷发物组成。早期为周家源喷发亚旋回（组），主要由流纹岩、英安岩和安山-粗安质集块岩组成；晚期为花草尖喷发亚旋回，主要由熔结凝灰岩及含集块熔结角砾岩组成
I_6刘家破火山口	刘家、平桥、塘下	处于铅山-宜春断裂带之南侧，西与方家-虎岩破火山口相接，南北为梧溪喷发旋回火山岩所叠覆。地形上呈盆地。构成破火山口的火山产物，以多相火山杂岩为特点，整个剖面由两套岩性层序组成，下部层序为凝灰岩、英安岩，上部为含集块熔结角砾岩及熔结凝灰岩，两者之间夹含集块晶屑灰岩。次火山岩相十分发育，分布广泛，早阶段为富钾安山玢岩，晚阶段为安山玢岩
I_7方家-虎岩破火山口	方家喷发区段、普塘-船岭-虎岩喷发区段、查林喷发区段	平面形态为长条状，长轴方向为北东向，受北东向断裂控制，形成似地堑状破火山口。熔结凝灰岩、凝灰岩大量发育，无熔岩。该破火山口构造较为复杂，各喷发区段所组成的岩层皆不对称产出，均向内倾斜，构成马蹄形内围斜构造，且都是东北端封闭翘起，向南西方向开口，一般北翼产状较缓，南翼较陡
I_8银峰尖-黎圩岭火山盆地	区内未见火山口	其北为赛阳关火山穹隆，东与虎岩破火山口接壤，西为枫山李家喷发区段所叠覆，整体为一内倾的负向构造。构成盆地的喷发物，以火山灰流相为主
I_9陈坊-横村负向火山构造	区内未见火山口	北起陈坊积，南至新鹅塘，东起水西，西至段上，火山岩层出露比较零散，自老到新成一内围斜构造。该负向构造的基底为熔结凝灰岩，构成火山构造的产物均为梧溪喷发亚旋回
I_{10}高岭破火山口	坑西-高岭喷发区段、吴牛岭喷发区段	平面形态为北北西向椭圆形，西侧及南侧火山产物不整合覆于南华纪变质岩之上，北部及北东部叠加于刘家破火山口之上。岩性主要为凝灰熔岩、集块岩、晶屑凝灰岩。放射状、环状断裂发育

区域性的北东向、北北东向断层控制了Ⅰ级火山机构的分布。研究区分布有美元村火山喷发盆地、天台山火山构造洼地、炼丹坪火山穹隆、孤萝山破火山口（月凤山火山盆地）、赛阳关火山穹隆、刘家破火山口、方家-虎岩破火山口、银峰尖-黎圩岭火山盆地、陈坊-横村负向火山构造、高岭破火山口10个Ⅰ级火山机构。

多组不同方向断层的复合部位控制了Ⅱ级火山机构-火山口、洼地的分布。研究区内有岭西、大脚岭、天台山、彭斜、炼丹坪、银路岭、孤萝山、大坑山、源头、闽坑、麻地、刘家、平桥、塘下等十几个Ⅱ级火山构造。

3. 典型火山机构孤萝山破火山口的特征

该破火山口是在燕山早期构造运动形成的北东—北北东向断陷盆地基础上，历经晚侏罗世强烈的火山活动而逐渐形成的，以大面积分布巨厚的熔结凝灰岩为特征。火山喷发产物自下而上，可划分为打鼓顶组和鹅湖岭组，基底为南华纪变质岩和石炭纪地层。在破火山口的西北边缘形成了数个次级火山口，有大坑山、银路岭、双门石等，它们呈北东向近等距串珠状分布，这些火山口是在边缘断层塌陷的同时或稍后形成的，主要受湖石断层及其他断层的联合控制，火山口位于几组断层的交会处。破火山口范围内发现的矿床、矿（化）点已有10多处，冷水坑铅锌银超大型矿床即产于其中。破火山口的南部饶桥一带，经深部探索，已见到较好的铀矿化。因此，破火山口边缘断层带是成矿有利地段，在隐爆角砾岩体发育处矿化更富集，具有寻找银、铅、锌、铀等矿产的远景。

三、次火山岩

次火山岩是指与火山岩有同源、同时、同空间关系的浅成、超浅成侵入体，主要分布在火山口附近。各喷发旋回的次火山岩特征简述如下。

1. 打鼓顶喷发旋回次火山岩

石英闪长玢岩：代表性岩体为赛阳关岩体，为本研究工作最重要的次火山岩。侵位于早白垩世周家源旋回火山岩中，呈三棱形岩株状产出（图2-4），岩体接触面不平整，呈枝叉状，整体外倾，倾角18°～60°，出露面积为3.5km²。岩体被南东向断裂切成主体部分和向西南舌状伸出部分，后者出露面积约2.5km²。岩石呈灰绿色，斑状结构，块状构造，斑晶含量15%～25%，基质含量75%～85%。斑晶主要为斜长石，次为黑云母、钾长石、石英。斜长石粒径2mm×3mm～0.5mm×0.2mm，双晶发育，An=35～50，为中长石。钾长石粒径0.15mm×1.5mm，石英粒径1～2.5mm。基质粒径0.1～0.15mm。斜长石、钾长石斑晶呈自形—半自形板状，石英呈粒状，有熔蚀，裂纹发育。黑云母呈板状，角闪石呈柱状。

原岩发育轻微蚀变，岩体与火山岩接触部位蚀变较强，发育较强的绿泥石化。围岩见较强的硅化、绿泥石化等蚀变。该玢岩体岩相分带不明显，仅与火山岩接触部位岩石变细，呈隐晶质或具霏细结构。内接触带宽仅0.5～2m，局部见角砾状构造，由熔岩角砾组成，与岩体呈过渡关系。

碎斑黑云花岗斑岩：代表性岩体为饶桥岩体，呈岩株状产出，岩体与南华纪—震旦纪洪山组变质岩、加里东期混合花岗岩和燕山早期高阜花岗岩均呈侵入接触。该岩体可分为中心

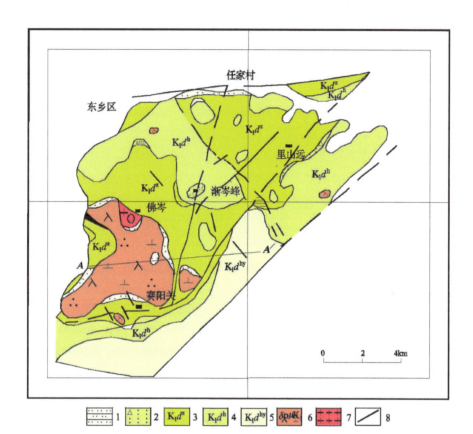

1. 粉砂岩；2. 含砾沉凝灰岩；3. 早白垩世武夷群打鼓顶组周家源段；4. 早白垩世武夷群打鼓顶组花草尖段；5. 早白垩世武夷群打鼓顶组虎岩段；6. 石英闪长玢岩；7. 花岗斑岩；8. 断陷盆地边界。

图 2-4　赛阳关火山穹隆构造略图（江西省地质矿产勘查开发局九一二大队，2020，有修改）

相和边缘相两个相带，中心相为碎斑黑云花岗斑岩，边缘相为流纹质熔结粗晶屑凝灰岩，二者呈渐变过渡关系。岩体具弱绢云母化、碳酸盐化。

正长斑岩：有大脚岭、天台山等岩体，岩体呈岩瘤、岩株状产出，岩体侵入凝灰岩中，接触面呈波状，倾角较陡。

流纹斑岩：有大脚岭、熊家山等岩体，前者呈岩筒状，后者呈岩墙状产出，侵入打鼓顶组角砾凝灰岩中，接触面较平直，倾角陡。岩体蚀变较强，发育硅化、绿泥石化、绢云母化及碳酸盐化。

2. 鹅湖岭喷发旋回次火山岩

花岗斑岩：分布于下胡家和梧山一带，呈岩墙、岩枝状产出，侵入打鼓顶组火山岩、饶桥岩体及混合岩中。

双门石流纹斑岩：充填于双门石火山口的火山通道中，呈岩钟状产出。岩体与围岩接触面呈围斜状内倾。岩体边部发育角砾状构造和流动构造。岩体发育高岭土化、水云母化蚀变。

斑状花岗岩：分布于双门石、犁山、清潭等地，被炼丹坪岩体侵入分割成 3 个部分，总体呈北东东向带状分布，呈不规则的岩株或岩墙状产出。岩体与打鼓顶旋回的碎斑花岗斑岩、鹅湖岭组火山岩及混合花岗岩均呈侵入接触，接触面一般较平直。岩体边缘相为花岗斑岩，中心为斑状花岗岩。

花岗斑岩：分布于银路岭、麻地、燕山、源头等地，侵入于鹅湖岭组和南华纪变质岩、混合花岗岩中，呈岩瘤、岩筒、岩墙状产出，为冷水坑矿田的成矿地质体。岩体呈浅肉红色，斑状结构，块状构造。斑晶主要为石英，其次为钾长石、斜长石，含少量角闪石。石英斑晶粒径 0.5mm×3mm～1mm×5mm。基质由微晶—细晶的长英质长石和石英组成，呈纤维状。岩体与围岩接触面较平直，倾角较陡。外接触带围岩有硅化、绿泥石化、碳酸盐化及黄铁矿化等蚀变，内接触带一般见黄铁矿化、铅锌矿化。K-Ar 法测定的同位素年龄为 136.5Ma，U-Pb 法测定的同位素年龄为 142.1Ma。

彭斜流纹斑岩：分布于彭斜附近，呈漏斗状，与火山岩呈突变或渐变接触关系，呈围斜状内倾，倾角较陡且变化大，岩体内部流动构造发育。岩体边部见角砾状构造，发育绿泥石化、萤石化。

角闪石英二长岩：主要为闽坑岩体，岩体侵入南华纪变质岩中，呈岩筒状产出，接触面倾角较陡。岩体边部伴有隐爆角砾岩，发育绿泥石化、碳酸盐化。

石英正长斑岩：主要为孤萝山岩体，分布于孤萝山一带。岩体侵入鹅湖岭组上段火山岩中，呈岩株、岩镰状产出，接触面一般较平直。岩体边部见隐爆角砾岩，局部见弱黄铁矿化、绿泥石化、硅化。K-Ar 法测定的岩体同位素年龄为 125.5～124.7Ma。

第四节　变质岩

变质岩分布于矿集区中部及南部，由北向南时代自老而新。以面型的区域变质岩、混合岩为主，其次有接触变质岩和动力变质岩。变质岩建造主要有青白口纪周潭岩组的斜长角闪岩－黑云斜长片麻岩组合，南华纪万源岩组的黑云斜长变粒岩-二云片岩组合，南华纪—震旦纪洪山组的夕线黑云石英片岩-黑云斜长变粒岩-大理岩组合，寒武纪外管坑组的夕线二云片岩、石墨石英片岩、条带状硅质岩建造。前两者为角闪岩相低-中压变质相系，后两者为绿片岩相低温中压变质相系。变质岩与本研究所关注的金属矿种关系不大，故只作简要介绍。

一、区域变质岩

区域变质岩是研究区变质岩中最主要的部分。变质的地层有新元古代青白口纪—震旦纪及寒武纪地层（赖长金，2019）。

研究区内区域变质岩类型主要为板岩、片岩、变粒岩、片麻岩、大理岩、石英岩，少量为变质砾岩。其中板岩、大理岩、石英岩仅见于洪山组，片岩、变粒岩是外管坑组、万源岩组、周潭岩组的主要岩石类型。

片（板）岩类为区内最主要的变质岩类型。根据其中石英、云母、石墨的相对含量可分为云母片岩、云母石英片岩和石墨片岩（外管坑组）。

片麻岩类主要分布在周潭岩组中，以斜长片麻岩为主。

变粒岩类主要分布在万源岩组中，洪山组局部可见，以变粒岩为主。

石英岩类主要见于外管坑组中，抗风化能力强，地表出露明显，常和其他岩石一起构成明显标志层（组合）。

研究区可划分为黑云母带、石榴子石-蓝晶石带和夕线石带3个变质带，以及高绿片岩相、绿帘角闪岩相、角闪岩相3个变质相。研究区变质程度北西深、南东浅，区域变质岩大致呈北东-南西向展布。

二、动力变质岩

区内动力变质岩主要为碎裂岩系列。碎裂岩类按其破碎程度和形态特征，可划分为碎裂岩、构造角砾岩、碎斑岩、碎粒岩，多分布在断裂带附近。

三、接触变质岩

区内接触变质岩受岩浆活动控制，环绕岩体较广泛发育。加里东期岩体侵入活动发生在区域变质作用之前，区域变质作用叠加改造了接触变质岩，在岩石中局部保留残余角岩结构。其后的侵入活动发生在区域变质之后，接触变质作用叠加改造了区域变质岩，在不同时代侵入岩共生区，可产生接触变质叠加。以研究区中部为例，其接触变质岩按形成的温压条件可分两种接触变质类型，即红柱石型和红柱石-夕线石型。

四、混合岩

区内混合岩主要环绕加里东期岩体分布，由岩体边缘混合岩化作用所形成，主要分布于金溪复式岩体周边。根据混合岩化程度的强弱，可分为混合花岗岩或重熔花岗岩、阴影状混合岩、条带状混合岩、眼球状混合岩等。

第五节 构造

江西冷水坑矿集区位于萍乡-绍兴断裂带南侧，区域内经历了晋宁期以来的陆缘造山、陆内造山及造山后伸展等多期构造活动，地质构造复杂，褶皱、断裂构造极为发育，岩浆活动强烈（杨明桂等，2009）。

研究区内褶皱主要发育于变质基底中，盖层褶皱不发育。断裂构造分布广泛，规模大，断裂性质复杂，常具多期活动性。

一、褶皱构造

研究区基底褶皱由新元古代周潭岩组、万源岩组、洪山组及早古生代外管坑组构成，出露于研究区中东部。褶皱形态复杂，不同期次褶皱在形态上区别较为明显，空间分布有一定的组合规律，平面上多属紧闭线状褶皱。根据褶皱形成时序，基底褶皱大致可分为3期，根据其枢纽的延伸方向，可分为北东向、北西向、近东西向。

第一期褶皱：属区域性褶皱，波及了整个研究区基底岩层，表现为以层理（或成分层）为变形面的斜歪水平-倾伏褶皱，轴面片理极为发育（表现为区域性片理），枢纽产状总体水平，略有起伏，片理与层理（或成分层）在转折端处大角度相交，两翼渐趋平行。由于后期倾竖褶皱的叠加，构造层和早期轴面片理（区域片理）呈"S"形偏转。代表性褶皱有黄通复向斜（图2-5）、金源复式向斜、冷水坑倒转背斜等。

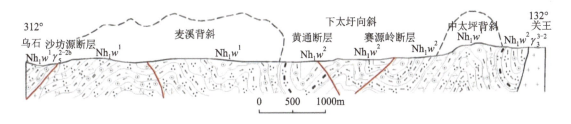

图2-5 金溪县黄通复向斜剖面示意图（江西省地质局区测大队，1963，有修改）

第二期褶皱：为区域性倾竖褶皱。褶皱特征是轴面陡倾或直立，枢纽亦近直立。一般不形成片理，但有时在转折端亦可发育轴面劈理。它的轴迹呈扇形分布，且在弯曲地段，地层明显变薄，说明其形成机制为横弯弯滑作用，可能为第一期由南东向北西纵弯推覆应力持续作用递进变形的产物，沿本期褶皱构造内弧可见有加里东晚期岩体侵位。岩体的主动侵位，对围岩产生挤压力，使早期弧形构造进一步弯曲。因此本区弧形构造是在区域应力场中形成，又被岩体所改造的产物。

图2-6显示了两期褶皱叠加的立体形态。F1为第一期斜歪-倾伏褶皱的轴迹，总体呈近东西向分布，轴面倾向南南西，倾角81°。F2为第二期开阔型倾伏褶皱的轴迹，总体近南北

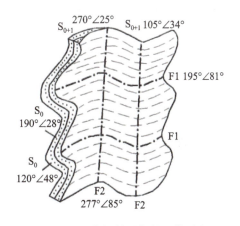

图2-6 两期褶皱叠加的立体形态
（江西省地质矿产勘查开发局
九一二大队，1987，有修改）

向展布，轴面倾向西，倾角85°，枢纽向南倾伏，倾伏角5°～10°。由于F2的叠加，F1的轴迹和枢纽均发生波状弯曲，并形成指状褶皱。因此，区内的褶皱为非共轴叠加褶皱。

研究区内卷入褶皱的最新地层为底—早寒武世外管坑组，故可以确定本区基底褶皱期为加里东期。

第三期褶皱：为加里东造山晚期应力松弛后的重力滑塌构造，一般发育在顺片理的滑脱带内，宽数十厘米至十余米，呈平行阶梯状发育。带内表现为滑脱褶皱和碎裂共存的韧—脆

性变形特点，滑脱褶皱轴面倾向与早期区域片理一致，倾角10°～30°，枢纽近水平，顺轴面常发育有破劈理，属剪切不对称褶皱。

二、断裂构造

依据《中国区域地质志·江西志》的构造单元划分方案，矿集区处于一级构造单元华夏陆缘造山带北缘的东部，横跨武夷隆起带三级构造单元的北缘及武功山隆起、饶南坳陷两个四级构造单元，作为三级构造单元交界标志的鹰潭-安远深断裂带斜贯全区。与矿集区有关的大型区域构造有萍乡-广丰深断裂带、鹰潭-安远深断裂带、洪门-湖石断裂带和宜黄-宁都断裂带，其中萍乡-广丰深断裂带位于矿集区北侧（黎圩积幅），鹰潭-安远深断裂带北东向贯穿矿集区中部（金溪幅与上清幅），洪门-湖石断裂带位于矿集区南东角（湖石幅），宜黄-宁都断裂带北缘呈北北东向穿过矿集区西部（黎圩积幅）。其详细特征见表2-4。

表2-4 江西省冷水坑矿集区大型区域构造特征表

序号	名称	类型	规模	产状	运动方式	力学性质	形成时代	活动期次	大地构造环境	含矿特征
1	萍乡-广丰深断裂带	挤压	300km	近东西	逆冲	压扭	新元古代	多期	板块缝合带	
2	鹰潭-安远深断裂带	挤压	500km	北北东	左行剪切	压扭	早古生代	燕山期活跃	陆内	金
3	洪门-湖石断裂带	挤压	200km	北东	右行走滑	压剪	早古生代	晚白垩世活跃	陆内	银铅锌
4	宜黄-宁都断裂带	挤压	100km	北北东	斜冲	压扭	早古生代	燕山期活跃	陆内	

研究区内断裂构造极为发育，分布广，规模大，活动时间长。早古生代末，区内形成以近东西向和近南北向为主的断层，其余各方向断层略有发育，这与区域基底构造线方向基本一致。中三叠世末，区内发育北东向、北西向断层，前期断层部分复活，这些断层对中生代盆地的形成具有一定的制约作用，并切割部分东西向、南北向断层。新生代时期，地壳大规模伸展，北东向、北西向断层广泛发育，相互切割。部分南北向断层在早期断层基础上再次发展，并切割北东向、北西向断层，构造带的多次活动及岩脉的多次侵入可以佐证。

根据其空间展布方向，大致可划分为北东—北北东向、北西向及近南北向3个断层组，其特征如下。

1. 北东—北北东向断层组

此组断层为本区最发育的断层。断层规模悬殊，规模较大者为区域性深大断裂，延伸数百千米，在研究区内出露长度有数十千米，如鹰潭-安远深断裂带、洪门-湖石断裂带，深大断裂带为不同地质体和不同时代地层的界线；规模小者仅延伸几百米，宽度一般在数米至数十米之间。断层具有多期活动特征，性质多为冲断层、平移断层，少数为逆掩断层、正断层。有些断层内见断层泥及糜棱岩化岩石。断层带中经常见次生石英脉。沿断层岩石常有绿泥石化、绿帘石化、绢云母化、叶蜡石化、黄铁矿化等蚀变。显微镜下可见断层带中岩石具碎裂结构、碎斑结构、糜棱结构，矿物颗粒被压扁拉长，晶粒磨细或圆化。可见一组次级伴生断层，分布零星，规模小，延伸方向为北西向。断层性质为正断层或平移断层，具左行张扭特点，发育有张性构造角砾岩，或充填花岗岩脉。

鹰潭-安远断裂带位于南岭东段隆起带与武夷隆起带的交接地带，北以信江盆地与宁国-弋阳断裂带相隔，南西至粤北，断裂带由数条相互平行的次级断裂组成，呈追踪状沿北北东向延展，江西省内延伸约500km。该断裂处于研究区中东部金溪—上清一线，延伸约45km。断裂带在航片上反映甚为清晰。晚古生代及中生代地层的沉积和分布受其影响，沿断裂带发育有加里东期侵入体及早白垩世火山岩（江西省地质矿产局，1984）。断裂带具有明显的多期活动性，根据断裂与地质体的相互关系，应形成于加里东期，燕山期仍有强烈活动（苏慧敏，2013）。在加里东期，早期表现为左行韧性剪切，中期发育有强硅化碎裂岩，晚期表现为挤压逆冲性质；在白垩纪成盆初期转入张性活动，在成盆后期表现为水平左行走滑性质。

洪门-湖石断裂带发育于武夷山西麓，北起饶南洪山，向南西经湖石、资溪、洪门、广昌等地，由若干条北东向断裂组成，呈右行斜列式排列延伸，长约200km。该断裂出露于研究区东南部湖石—冷水坑一线，延伸长约20km，被白垩系及第四系覆盖。在航片上断层呈直线状沟谷地貌，切割不同地层。沿断层有数十米至数百米的挤压破碎带，带中多见构造透镜体。局部劈理十分发育，5~15条/m。劈理走向北东，倾向北西，倾角60°。在冷水坑矿区发育一组北东向断层，宽约800m（图2-7）。

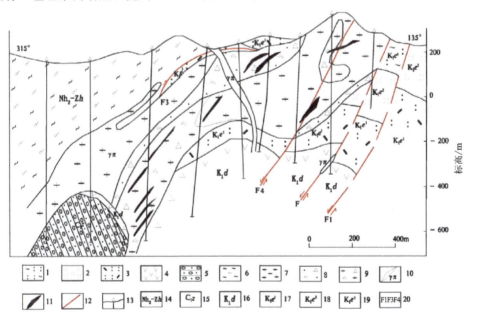

1. 熔结凝灰岩；2. 流纹岩；3. 晶屑凝灰岩；4. 安山岩；5. 砂砾岩；6. 条带状混合岩；7. 花岗斑岩；8. 隐爆集块角砾岩；9. 隐爆花岗斑岩；10. 花岗斑岩脉；11. 铅锌矿体；12. 断层；13. 钻孔；14. 南华纪—震旦纪洪山组；15. 早石炭世梓山组；16. 早白垩世打鼓顶组；17. 鹅湖岭组第一段；18. 鹅湖岭组第二段；19. 鹅湖岭组第三段；20. F1为湖石断层，F3为鲍家断层，F4为银路岭断层。

图2-7 冷水坑矿区湖石断层剖面图（江西省地质矿产勘查开发局九一二大队，2004，有修改）

据钻孔资料，单条断层的破碎带宽度为几米至 80 余米，断层面走向北东，倾向北西，倾角 60°～70°。沿断层自北东至南西有岭西、大坑山、银路岭、双门石等古火山构造呈串珠状分布。沿断层有酸性岩脉及基性岩脉贯入，并有较强的硅化、绢云母化、绿泥石化、黄铁矿化等蚀变。该断层对早白垩世火山岩的分布以及古火山构造的定位起着重要的控制作用，后期被北北东向及北西向断层切割，断层活动的结束时间相对较早，断层性质为逆断层。

2. 北西向断层组

北西向断层形成时间有早有晚，方向变化大，性质各异；其规模大小不一，延伸数十米至数千米。断层往往由构造破碎带构成，带内岩石硅化强，石英网脉发育，构造角砾呈棱角—浑圆状，大小悬殊。带内岩石具强糜棱岩化，并常见黄铁矿、黄铜矿矿化现象。该方向断层具长期活动特点，早期以逆断层为主，而晚期大多发展为正断层。

该组断层以冷水坑断层、峡山断层为代表。

冷水坑断层位于研究区东南部，西起上山村，向北经冷水坑，直插宝山，呈北西向延伸，长约 7km。走向北西，倾向 350°，倾角 37°～70°，破碎带宽 4～10m。断层面较平直，在冷水坑矿区，花岗斑岩脉和变质岩被挤压剪切，具糜棱岩化。构造透镜体、构造角砾岩发育，并具黄铁矿（褐铁矿）化及 Cu、Pb、Mo 等矿化。断层在大窝山—上山村发育硅化角砾岩，角砾呈棱角状，大小悬殊，分布杂乱，呈藕节状膨大缩小明显。断层具多期活动性，早期断层性质为逆断层，晚期为正断层。冷水坑断层是区内重要的控矿含矿构造，破碎带内有 Cu、Pb、Zn、Mo、Au 等矿化，以 Cu、Mo 等矿化较好。

3. 近南北向断层组

研究区内近南北向断层较为发育，主要分布于研究区北部。近南北向断层切割燕山晚期岩体，在区内断层活动结束较晚。

该组断层以下田断层、杨家断裂、桐坊断层为代表。

桐坊断层位于研究区中南部坪上—桐坊—玉岭一带，呈近南北向延伸，长约 5km。断层呈舒缓波状，发育一组破裂面，间距约 5m。断面倾向西，倾角 45°～70°，破碎带宽 6～30m，水平断距约 50m。地貌上表现为陡立山脊地形。断层带内发育构造角砾岩，角砾多呈棱角状—次圆状，大小一般为 2～10cm，成分为石英、混合岩及石英片岩，后期硅化交代强烈，形成硅化带。破碎带内劈理发育，产状 255°∠65°，充填硅质，在破碎带内见有小褶皱，轴面产状 30°∠85°，枢纽产状 120°∠60°，显示断层上盘上升，表现为逆断层兼右旋性质。

第六节　区域地球物理

一、航磁异常特征

据《赣中东部地区航空磁测成果报告》(1980)，冷水坑矿集区内分布有两个磁场亚区，分别为黎圩-铅山波动升高磁场亚区及冷水坑-石塘波动负磁场亚区。其中黎圩-铅山波动升高磁场亚区背景磁场强度为 70～100nT，局部高达 150～200nT，西段以黎圩为中心，东段在铁砂街和永平两处大致构成对称的局部升高区；冷水坑-石塘波动负磁场亚区背景场一般为 -120～-100nT。

黎圩异常区北起小璜，南抵浒湾。局部异常有 79-72～79-79、79-89～79-101 等 21 处（图 2-8）。它们以杂乱展布、起伏跳跃、正负伴生为特征。区内主要分布白垩纪火山岩，局部分布白垩纪沉积岩和震旦纪变质岩。

由于火山岩、次火山岩分布广，且其间磁性矿物含量和分布极不均匀，故磁场呈现出一幅繁复图景，异常交错展布，强度规模很不一致，走向形态不尽相同。根据每个异常所处的地质部位、部分异常钻探验证和磁参数测定资料分析，认为这 21 处异常大部分由各种火山岩、次火山岩引起（表 2-5）。

表 2-5　黎圩异常区航磁异常编号、名称及原因分析

异常编号及名称	引起异常的原因	异常编号及名称	引起异常的原因
79-72 李郎中	安山玄武岩	79-92 虎圩	石英闪长玢岩、凝灰熔岩
79-73 陈坊积	安山岩、凝灰熔岩、英安岩、流纹岩	79-93 翻车岭	霏细斑岩、凝灰岩、凝灰熔岩
79-74 何家	凝灰熔岩、安山岩	79-94 凌塘	霏细斑岩、凝灰岩、凝灰熔岩
79-75 将军岭、李家	霏细岩、霏细流纹岩、凝灰熔岩	79-95 南边	北异常由蛇纹岩、辉绿辉长岩引起；南异常由残斑岩、辉绿岩引起
79-76 道塘	霏细岩、霏细流纹岩、凝灰熔岩	79-96 鸭塘	推测北侧狭长异常带由基性岩引起；南段高磁场由含磁铁矿化千枚岩引起
79-77 九子岭、王家	英安玢岩等	79-97 朱岭	橄榄玄武岩
79-78 常峰岭	英安玢岩等	79-98 横村	橄榄玄武岩
79-79 崇岭	流纹质晶屑凝灰熔岩、英安岩	79-99 松山	橄榄玄武岩
79-89 新田	流纹岩	79-100 倪家	松脂岩
79-90 李坊	英安岩、英安质凝灰岩	79-101 南阳	含铁质的熔结凝灰岩
79-91 仙岭峰	英安岩、凝灰熔岩	/	/

冷水坑异常区位于东南部复杂磁场区之中东部，包括 79-88、79-102～79-108、79-111～79-112 共 10 处异常。除 79-103 异常外，其他异常均以范围小、不规则、在 0～50γ 波动背景场上呈点状分布为特征。区内广布白垩纪火山岩、次火山岩，其次是震旦纪、寒武纪变质岩。此外，中部分布加里东期的天华山岩体，东部分布燕山早期的大银厂岩体。本区位于北东向构造带和东西向构造带复合部位，断裂构造以北北东向、北东向为主，次级裂隙发育，为矿液活动提供了通道。矿产以银铅锌多金属矿为主，主要代表为冷水坑（银路岭）银铅锌矿床，沉积变质型铁矿有 3 处。

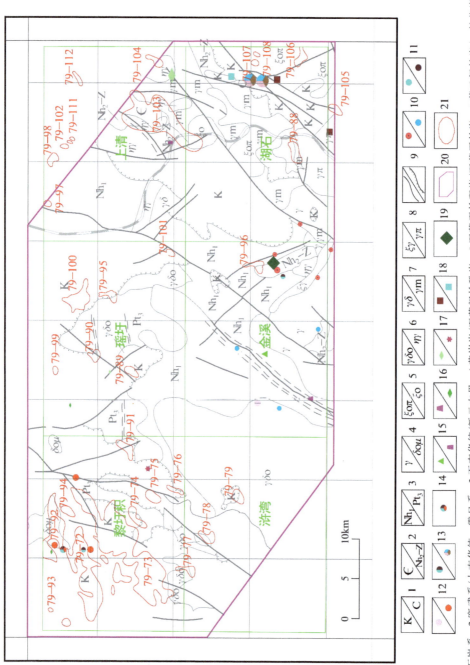

图2-8 江西省冷水坑矿集区1∶20万航磁异常示意图（江西省地质矿产勘查开发局九一二大队，2020，有修改）

1.白垩系/石炭系；2.寒武系/上南华统—震旦系；3.下南华统/新元古界；4.花岗岩/石英闪长岩；5.石英正长斑岩/石英正长岩；6.英云闪长岩/二长花岗岩；7.花岗闪长岩/混合花岗岩；8.正长花岗岩/花岗闪长岩斑岩；9.角度不整合接触界线/实（推）测性质不明断层；10.磁铁矿点/钼矿点；11.铅锌矿点/金矿点；12.银矿点/石灰岩矿点；13.铅锌矿/银铅锌矿；14.金铅锌矿；15.重晶石矿/脉石英矿点；16.萤石矿点/高岭土矿点/玛瑙矿点；17.瓷石瓷土矿点；18.饰面用花岗岩矿点/石灰岩矿点；19.石墨矿点；20.冷水坑矿集区范围；21.航磁异常。

二、地磁异常特征

依据1974年《江西省抚州地区黎圩幅物化探普查报告》，本幅地磁异常总体上可以分为两个带，其一为塘下-西塘徐家-水南之北磁异常带，呈孤立规则或较规则分布，异常带的南部早白垩世打鼓顶组地层，伴有范围大、连续性较好的Cu、Al、Zn、Ag综合多金属或As的单元素次生异常，该异常带位于锦江-临川、邓家埠大断裂交会处，受两大断裂所控制，因此该异常带是本幅找多金属矿有远景的地段；其二为陈坊积—黎圩积、塘下—柏林一带，磁异常的形态有规则圆滑和正负相间又无规律的锯齿状两类，分布在大片白垩纪鹅湖岭组中，其中陈坊积—黎圩积一带出现低含量的砷异常带。

各异常推断解释如下：

1. 塘下-西塘徐家-水南之北异常带

(1) M1磁异常：异常范围大体与赛阳关-周坊石英闪长玢岩岩体相对应。异常走向近东西，与邓家埠大断裂方向一致，异常强度极大值为1500nT，极小值为-1800nT。地表石英闪长玢岩磁参数表明，赛阳关处玢岩体的剩磁强度大于感应磁化强度，剩磁方向变化较大，如以半空间公式计算，玢岩体可引起-1010~1600nT的ΔZ异常，与实测曲线相近。周坊地区异常形态较规则，推测由未全部出露的玢岩体引起。据M2处的钻孔物性资料可知，深部玢岩体剩磁强度略小于感应磁化强度，且磁性强度较均匀，故异常形态较为规整。M1磁异常可能是石英闪长玢岩所引起的。

(2) M2磁异常：该异常位于虎圩一带，石英闪长玢岩与白垩纪火山岩的接触带上，异常走向为北西70°，强度为300nT左右。异常北侧出现负值（在东乡幅出现），正、负异常绝对值之比为10左右。经钻探验证，该异常由石英闪长玢岩引起。

(3) M3磁异常：该异常位于竹林塘南公路边，异常规则对称，无负值出现，$\Delta Z_{max}=350$nT，走向为北东35°。经过初步踏勘并测定磁参数，发现异常区出露的角砾凝灰熔岩磁性不均匀。随深度增加，本区磁性变强变均匀（牧阳科钻探磁参数柱状图），该趋势表明磁异常可能由角砾凝灰熔岩引起，但不排除由石英闪长玢岩引起的可能性。

(4) M4磁异常：该异常分为M41、M42两个异常，异常位于锦江-临川大断裂的中段，孤立出现在上李村（M41）、李郎中（M42）的白垩系红色砂砾岩中。异常走向北东，异常形态较规则，水平梯度大，尤其在上李村，198-224/474ΔZ曲线与板状顶板理论曲线相似，呈矩形曲线显示，说明磁性体深度不大。异常北部出现负值（M41）或有出现负值的趋势（M42）。M41异常强度为$\Delta Z_{max}=1150$nT，$\Delta Z_{min}=1$~350nT，M42异常强度为$\Delta Z_{max}=750$nT。M41与航磁异常M27相对应，已有钻孔验证由浅部安山玄武玢岩引起，M42异常与M41异常出现部位、走向、异常特征相似，推测M42也由浅部安山玄武玢岩引起。

(5) M5磁异常：该异常位于洲上村附近，范围小，仅孤立出现于336-350/478上，强度$\Delta Z_{max}=1150$nT，异常形态较规则，水平梯度变化大。异常离洲上橄榄玄武岩体不远，依据测定的橄榄玄武岩磁参数，用半空间磁场公式计算，足够引起1150nT磁测异常，初步认为该异常由橄榄玄武岩引起。

(6) CM1 Al、Zn、Cu、Ag土壤、磁测综合异常：该异常主要分布于银峰尖—周家源一带，土壤异常呈不规则状，北东向延伸，范围较大，面积约 $23km^2$。磁测异常为正异常，梯度不大，走向北东，强度 $\Delta Z_{max}=400nT$。异常位于英安质流纹岩、角砾凝灰熔岩、石英闪长玢岩等高山地带，常见北东向、北西向硅化脉。石英脉常沿火山岩中张性或张扭性裂隙充填，矿化主要受北东向裂隙构造控制，常见石英脉型铅、锌矿化及磁铁矿化。一般在石英闪长玢岩与打鼓顶组流纹斑岩、晶屑岩屑凝灰岩接触带和硅化带附近，铅、锌矿化较强，异常也较显著。本土壤异常与石英脉型铅、锌矿化有密切关系，认为由其引起。

磁异常和凝灰熔岩、石英闪长玢岩对应，依据异常踏勘采集的凝灰熔岩定向标本磁参数测定结果和虎圩详查工作中石英闪长玢岩定向标本磁参数测定结果，两种岩石足够引起该异常，初步认为周家源磁异常由石英闪长玢岩引起，银峰尖磁异常为凝灰熔岩引起。

（7）CM2 Al、Zn、Cu、Ag 土壤、磁测综合异常：该异常分布在坑西以西黎圩断裂带之北东端，呈北东向条带状，面积约 $10km^2$。异常位于黎圩断裂带附近凝灰熔岩高山地带，常见有石英脉型铅、锌矿化，该异常可能由中—低温石英脉型铅、锌矿化引起。石英脉受黎圩断裂带侧旁次级裂隙控制，常见有赤铁矿脉、黄铁矿细脉，偶见星点状黄铜矿化。异常呈多峰跳跃式，可能反映多条矿脉或矿化蚀变带。

土壤异常中伴有 200～500nT 的磁测 ΔZ 异常，根据银峰尖与笔架尖一带凝灰熔岩物性磁参数结果，推测磁异常由凝灰熔岩引起。

2. 陈坊积—黎圩积、塘下—柏林异常带

（1）M6 磁异常：异常位于金溪县陈坊积公社上张、官塘吴家一带，面积约 $40km^2$。磁测曲线除局部地段出现锯齿状以外，基本表现为一个走向东西、北部伴有不规则负值的异常。一般磁场强度为 200～300nT，其中上张异常强度为 $\Delta Z_{max}=1150nT$，$\Delta Z_{min}=-260nT$，官塘吴家异常强度为 $\Delta Z_{max}=1000nT$，$\Delta Z_{min}=-900nT$。异常区出露粗、细斑安山岩，对于该异常存在两种认识：多数学者认为该异常主要由深部磁性体引起，而粗、细斑安山岩是纵向叠加的干扰体；少数学者认为该异常主要由粗、细斑安山岩引起。

认为由深部磁性体引起的依据为：在异常区采集的粗、细斑安山岩磁参数测定结果表明，粗斑安山岩 $\kappa=270\times10^{-6}$CGSM，$J\gamma=160\times10^{-6}$CGSM，细斑安山岩 $\kappa=100\times10^{-6}$CGSM，$J\gamma=570\times10^{-6}$CGSM，代入磁场半空间公式可得，粗斑安山岩可引起 123nT 异常，细斑安山岩可引起 198nT 异常，不足以引起所发现的磁异常。另外航空磁测反映异常 $\Delta T_{max}=300nT$，而地面磁测强度亦较大，同时磁测曲线圆滑，说明异常由深部磁性体引起。

认为异常由粗、细斑安山岩引起的依据如下：异常中心部位为第四系覆盖或出露风化较为强烈的安山岩，难以采集磁性标本，标本大多采集于磁异常的边部或低异常地带，物性参数不具有代表性。为此，选用 κ、$J\gamma$ 等值线和异常对比法估算得到上张异常粗、细斑安山岩 $\kappa=300\times10^{-6}$CGSM，$J\gamma=1100\times10^{-6}$CGSM，官塘吴家安山岩 $\kappa=500\times10^{-6}$CGSM，$J\gamma=1000\times10^{-6}$CGSM，代入磁场半空间公式可得，上张、官塘吴家的粗、细斑安山岩能引起 400nT 磁异常，且 κ、$J\gamma$ 等值线与异常形态较为吻合。该异常表现为南部低缓的磁异常与北部杂乱异常过渡。牧阳科 CK001 磁参数柱状图和磁异常平剖图说明，本区白垩纪鹅湖岭组火山岩具有磁场分带现象，其岩流内带磁性强，边部磁性较弱。推测该异常所对应的粗、细斑安山岩磁性向下可能变强。异常中心部位风化强烈、磁性体相对埋深增加，导致宏观曲线圆滑、异常规则，但微观上在某些地段水平梯度变大，出现负高异常值，表明与浅部磁性体有关。

（2）M7磁异常：异常位于江下—宗保、黎圩岭—岐岭村、坑西—乌石村、大古坪—明珠峰一带。曲线形态极不规则，呈锯齿形，正、负异常无一定规律，尤其是宗保—方家、坑西—乌石村ΔZ异常正负交替更为明显，异常走向与前泥盆系一致，为北东33°。异常强度西部大于东部（以前泥盆纪地层分界），西部$\Delta Z_{max}=2760nT$，$\Delta Z_{min}=-3060nT$，东部$\Delta Z_{max}=1250nT$，$\Delta Z_{min}=-800nT$。北部坑西—大塘以及坑西—柏林的东南部ΔZ异常幅值小，一般为150~200nT跳跃式变化的正异常，但局部地段曲线欠规则，呈锯齿状，异常强度$\Delta Z_{max}=750nT$，$\Delta Z_{min}=-250nT$，异常走向与上述异常一致。

以上特征与火山岩的一般曲线特征相似，如760-1200/510综合剖面磁测曲线跳跃剧烈，与地表英安玢岩、凝灰熔岩、霏细岩和黑曜岩磁性不均匀相对应。尤其采用公式计算的结果与实测强度接近。由异常相对应的地表出露的岩石物性参数可见，中部凝灰熔岩、英安岩、流纹岩等磁性强且不均匀，而北部和东南部同类岩石磁性显著降低。显然，局部地段有中强磁性的岩石，但中部更不均匀。地表物性参数等值线和剩磁矢量图清楚显示出，中部强异常对应的岩石磁参数值大，边部弱异常相应岩石磁参数值较小，其形态和ΔZ平面等值线图吻合。由此推测，该异常由出露地表或浅部的白垩纪鹅湖岭组凝灰熔岩、英安岩、玻基英安岩、流纹岩等岩石引起。

三、重力异常特征

1.1:20万重力异常特征

据《江西省东北部区域重力测量工作报告》(1986)，冷水坑矿集区位于北武夷山重力低值区（Ⅵ）。除金溪和黄岗山一带出现局部重力低异常外，其他地区位于异常北翼的重力梯级带（图2-9）。

重力异常等值线为舒缓波状，东段较为平直，总体走向为北东东向，西端向南弯曲，东端呈北东向延入浙西。该异常带重力极小值出现在黄岗山东北，布格重力值为-48mGal。梯级带北缘重力值在西部约为0mGal，东部约为-10mGal。重力场南北变化30mGal左右，水平梯度1~3mGal/km。在方向导数（g0）图中部有一条北东东向断续出现的高值带，其位置在布格重力异常图上相当于-30~-20mGal之间的地带，指示重要的密度界面的位置。异常不对称性显示，密度界面上部向北倾，深部向南倾。西部金溪为一近等轴状重力低异常，极值为-25mGal，与该异常区大面积出露的加里东期斜长花岗岩有关。它与东面的北武夷异常区之间有一明显的梯级差，约10mGal。后者属于北武夷隆起和饶南坳陷2个三级构造单元，基底构造层普遍发育区域变质岩，特别是与加里东期侵入岩接触的震旦系普遍发生混合岩化。加里东期、燕山期花岗岩和鹅湖岭组火山岩广泛分布，岩石密度低，形成了区域性的重力低值带。北武夷山花岗岩密度为$2.61g/cm^3$，鹅湖岭组岩石密度为$2.53g/cm^3$。信江盆地上部的中—新生代地层密度较低，沉积基底密度为$2.73g/cm^3$，其上下界面深分别为2km和7.3km。按相应侵入岩体规模的理论模型计算，这一层能引起的重力效应约为

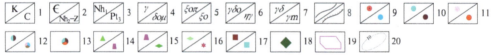

1. 白垩系/石炭系；2. 寒武系/上南华统—震旦系；3. 下南华统/新元古界；4. 花岗岩/石英闪长玢岩；5. 石英正长斑岩/石英正长岩；6. 英云闪长岩/二长花岗岩；7. 花岗闪长岩/混合花岗岩；8. 角度不整合接触界线/实（推）测性质不明断层；9. 磁铁矿点/钼矿点；10. 铅矿点/锌矿点；11. 银矿点/金矿点；12. 铅锌矿/银铅锌矿；13. 金铅锌矿；14. 重晶石矿点/脉石英矿点；15. 萤石矿点/高岭土矿点；16. 瓷石瓷土矿点/玛瑙矿点；17. 饰面用花岗岩矿点/石灰岩矿点；18. 石墨矿点；19. 冷水坑矿集区范围；20. 重力异常等值线。

图 2-9 江西省冷水坑矿集区 1∶20 万布格重力异常平面图
（江西省地质矿产勘查开发局九一二大队，2020，有修改）

—20mGal。由此可知，北武夷山重力异常低值区主要由北武夷山酸性侵入岩和火山岩引起。根据华南 1′×1′ 均衡异常图，该区均衡异常为 —10mGal，与本区布格异常平均值相当。

2. 1∶5 万重力异常特征

据 1989 年《江西省东乡县黎圩积地区重力测量工作报告》，本区有东乡-岗上积重力高值区、王桥-高坪重力低值区、杨溪-蒲塘重力高值区、双塘重力低值区（图 2-10）。

根据布格重力异常图和剩余重力异常图上的重力异常梯度带、重力异常线性过渡带、狭长重力异常带或线性重力异常、重力异常平面错位、重力异常等值线的规则性扭曲、重力等值线的疏密突变带、两侧重力异常特征明显不同的分界线，以及方向导数异常图上的异常轴

第二章　区域地质特征

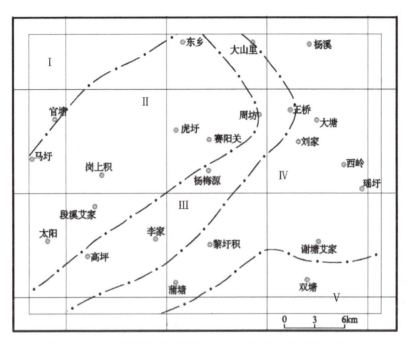

图 2-10　江西省黎圩积地区 1∶5 万布格重力异常分区示意图

线、异常的规则性扭曲或错断、并列排布的多个异常线性截断或错开部位、两侧异常特征明显不同的分界线等标志来综合判断断裂构造的展布。

共识别合市街-双塘（①）1 组近东西向断裂，东乡-马圩（②）、王桥-太阳（③）、大塘-黎圩积（④）、西岭-合市街（⑤）4 组北东向断裂，大山里-王桥（⑥）、东乡-周坊（⑦）、官塘-段溪艾家（⑧）、西岭-瑶圩（⑨）、刘家-谢塘艾家（⑩）、杨梅源-双塘（⑪）、李家-蒲塘（⑫）7 组北西向断裂（图 2-11）。

第七节　区域地球化学

本区 Pb、Zn、Cu 异常主要分布在白垩纪火山岩地区（图 2-12），这一方面与火山岩普遍具有较高的铅锌含量有关，另一方面与区内后期铅锌矿化也有密切关系。因此认为火山岩分布地区是寻找多金属矿床的远景地段。W（Mo）异常与燕山期小型酸性侵入岩体分布一致。这是因为燕山期岩浆活动与本区钨、钼矿化有关，许多岩体本身就含有较高的钨和钼（约 0.01%），与本期岩浆活动有关的石英脉亦见有钨、钼矿化。

区内 Pb、Zn、Ag 异常浓集中心套合较好。Pb、Zn 两元素套合最好，异常形态相似，多呈圆—椭圆状，长轴走向以北西向为主。Pb 元素含量一般 $9.37 \times 10^{-6} \sim 80 \times 10^{-6}$，高值区含量 $80 \times 10^{-6} \sim 4363 \times 10^{-6}$，高值区面积 $0.58 \sim 85.91 km^2$。冷水坑与梅家排一带 Pb 异常规模较大，具三级浓度分带，呈同心圆状，分带梯度变化均匀。Zn 元素含量一般 $9.82 \times$

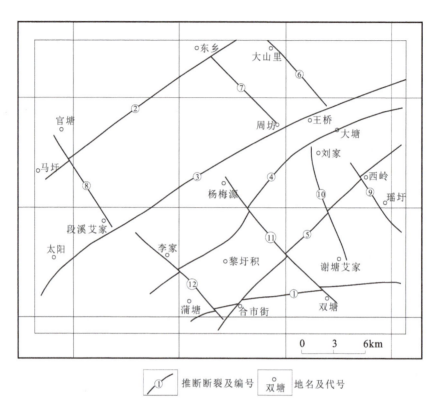

图 2-11 根据重力异常推测的断裂构造示意图

$10^{-6} \sim 135 \times 10^{-6}$，高值区含量 $135 \times 10^{-6} \sim 6778 \times 10^{-6}$，高值区面积 $0.53 \sim 19.79 km^2$。异常密集区主要分布于冷水坑、金溪县城、梅家排和东岗山等地。各元素高值区多处于黄通北东向断裂带两侧，异常形态多与断裂构造线直交或大角度斜交，异常受北东向构造控制明显。Ag、Cu、Pb、Zn、Mn、As、Sb、Bi、W、Sn、Mo、Cd 高值区多集中在燕山期岩体与万源岩组接触面附近，异常与岩体及万源岩组片岩、变粒岩密切相关。Au 元素高值区多分布于外管坑组与燕山期岩体接触面附近，Au 异常与岩体及外管坑组石墨石英片岩、石墨片岩、变质砂岩等含碳岩石组合有密切联系。根据各元素异常面金属量 NAP 值统计对比可知，区内主要金属成矿元素为 Au、Ag、Cu、Pb、Zn、Bi、W、Sn、Mo，面金属量 ΣNAP 达 2 627.73，因此区内寻找上述各金属矿种的潜力较大。

据《江西省中东部水系沉积物测量报告》(1979)，区内为 As、B、V 低背景和低中背景区，一般 As 丰度小于 4.5×10^{-6}，B 丰度小于 110×10^{-6}，V 丰度小于 56×10^{-6}。Zn、Ni、Co 等元素的中高背景及高背景主要分布于东岗山—店元一带，Zn 丰度 $56 \times 10^{-6} \sim 110 \times 10^{-6}$、Ni 丰度 $22 \times 10^{-6} \sim 45 \times 10^{-6}$、Co 丰度 $14 \times 10^{-6} \sim 28 \times 10^{-6}$。区内为 W、Pb 中高背景—高背景区，一般 W 丰度 $2.8 \times 10^{-6} \sim 7.1 \times 10^{-6}$，Pb 丰度 $28 \times 10^{-6} \sim 56 \times 10^{-6}$。水口村—东岗山一带为 Cu-W-Pb-Zn-Ag 异常区，面积约 $800 km^2$，Pb 丰度 $50 \times 10^{-6} \sim 800 \times 10^{-6}$，最高 1200×10^{-6}；Zn 丰度 $100 \times 10^{-6} \sim 250 \times 10^{-6}$，最高 400×10^{-6}；Mo 丰度

第二章 区域地质特征

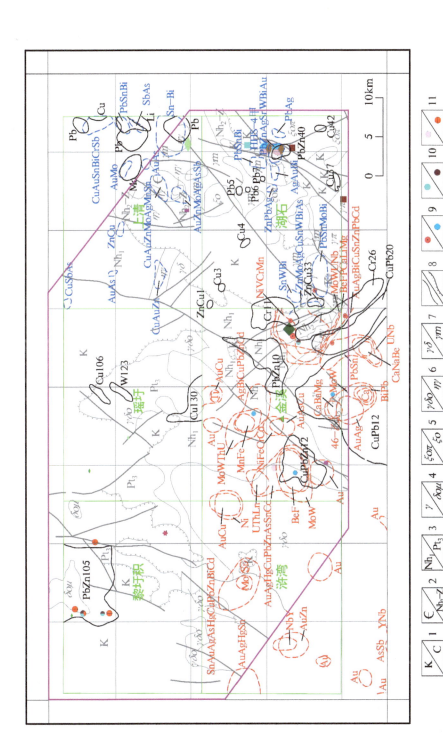

图2-12 江西省冷水坑矿集区地球化学异常示意图（江西省地质矿产勘查开发局九一二大队，2020，有修改）

1.白垩系/石炭系；2.寒武系/上南华系-震旦系；3.下南华统/新元古界；4.花岗岩/石英闪长玢岩；5.石英正长斑岩/石英闪长岩；6.英云闪长岩/石英正长岩；7.花岗闪长岩/混合花岗岩；8.角度不整合接触界线/实（推）测性质不明断层；9.磁铁矿/铅矿点；10.铅矿点/锌矿点；11.银矿点/金矿点；12.铅锌矿/银铅锌矿；13.金铅锌矿；14.重晶石矿/脉石英矿；15.萤石矿点/高岭土矿点；16.瓷石矿/玛瑙矿点；17.饰面用花岗岩矿/石灰岩矿；18.石墨矿点；19.冷水坑矿集区范围；20.1∶20万金属量测量金属异常；21.1∶20万水系沉积物异常；22.1∶5万水系沉积物异常

$4\times10^{-6}\sim30\times10^{-6}$；W 丰度 $10\times10^{-6}\sim34\times10^{-6}$；Cu 丰度 $100\times10^{-6}\sim120\times10^{-6}$。Pb-Zn 多具浓度分级，异常元素多呈同心状分布，次为同心交叠状分布。

第八节　区域矿产

冷水坑矿集区隶属于华南成矿省钦杭东段南部成矿亚带内，位于江西省中东部，处于萍乡-广丰拼接带南侧，主体位于饶南坳陷中，南侧及南西侧小部分属于武夷隆起带和武功山隆起。

矿集区主要发育陆相潜火山岩—斑岩型银铅锌矿床。在北西侧东乡南部有柴古垄、狗头岭等小型矿床或矿点；在南东侧湖石幅有冷水坑、银珠山等中型—超大型矿床，还有热液脉型金银铅锌矿床；北西侧黎圩积幅有虎圩、银峰尖、虎形山等小型矿床或矿点；南部金溪幅有饶家山、三源坑等小型矿床或矿点。除此之外，在东乡南部还有一些小型瓷石矿、金溪县芳源小型萤石矿，在南部出云峰附近洪山组及外管坑组中见有小型沉积变质型磁铁矿床（点）和大型石墨矿床，如肖家巷、考石、东岗山铁矿以及峡山石墨矿等（图 2-3，表 2-6）。除了沉积变质型矿床外，其余矿种均与燕山期花岗岩有成因联系。

表 2-6　江西省冷水坑矿集区矿产一览表

序号	矿产地名称	矿产类型	规模
1	东乡区周家岗瓷土矿点	瓷土	矿点
2	东乡区虎圩金矿	金矿	小型
3	东乡区陈家店瓷土矿点	高岭土	矿点
4	东乡区柴古垄铅锌金矿区	铅矿、锌矿、金矿、铜矿	小型
5	东乡区虎形山金铅锌矿区	金矿、铅矿、锌矿	小型
6	东乡区狗头岭铅锌矿点	铅锌矿	矿点
7	东乡区银峰尖金矿区	金矿	小型
8	东乡区龚家岗瓷土矿点	瓷土	矿点
9	金溪县双塘镇面前山玛瑙矿点	玛瑙	矿点
10	贵溪市陈家湾脉石英矿点	玻璃用脉石英	小型
11	贵溪市上祝瓷石矿区	瓷土	大型
12	贵溪市洞源石灰岩矿区	水泥用灰岩	矿点
13	金溪县高坊钼矿点	钼矿	小型
14	贵溪市冷水坑、银珠山银铅锌矿区	锌矿、铅矿、银矿	大型
15	金溪县饶家山银铅锌矿区	银矿、铅矿、锌矿	小型

表 2-6（续）

序号	矿产地名称	矿产类型	规模
16	贵溪市冷水坑银铅锌矿区	银矿、锌矿、铅矿、镉矿	大型
17	金溪县乌源岭重晶石矿区	重晶石	小型
18	金溪县峡山石墨矿区	石墨	大型
19	金溪县大卦山铁矿点	磁铁矿	矿点
20	资溪县金发饰面用花岗岩矿点	饰面用花岗岩	矿点
21	金溪县东岗山铁矿区	磁铁矿	小型
22	金溪县熊家山钼矿	钼矿	矿点
23	金溪县三源坑铅锌矿点	铅锌矿	矿点
24	贵溪市肖家巷铁矿点	磁铁矿	矿点
25	金溪县芳源石英萤石矿区	萤石、玻璃用脉石英	小型
26	金溪县考石铁矿点	磁铁矿	矿点
27	金溪县黄家钼矿点	钼矿	矿点
28	资溪县金发饰面用花岗岩矿点	饰面用花岗岩	小型
29	资溪县石昌铁矿点	磁铁矿	矿点

第三章 黎圩积幅遥感、地球物理与地球化学特征

第一节 遥感特征

利用 Landsat-8 遥感图像和 Google Earth 高清影像对冷水坑矿集区及黎圩积幅进行遥感解译，线形构造、环形构造解译以目视解译为主，并编制初步解译草图；同时利用预处理后的 Landsat-8 数据以常用的主成分分析方法提取矿物蚀变信息，并对解译结果进行综合分析。

整个冷水坑矿集区内的黎圩积幅赛阳关岩体、金溪幅金溪岩体和潮水岩体、湖石幅冷水坑附近发现多条延伸较长的北北东—北东向、北西向主断裂构造（图 3-1），说明区内断裂构

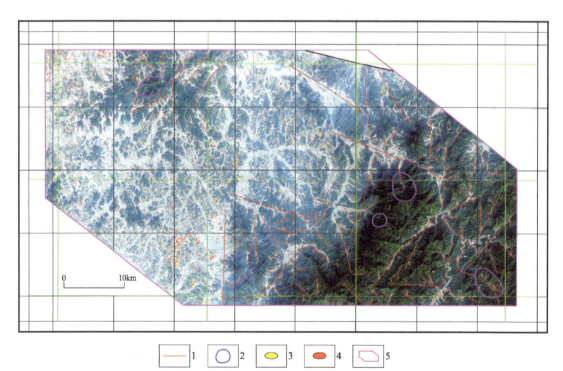

1. 解译线形构造；2. 解译环形构造；3. 羟基异常；4. 铁染异常；5. 冷水坑矿集区找矿预测范围。

图 3-1 江西省冷水坑矿集区遥感解译图（江西省地质矿产勘查开发局九一二大队，2020）

造具有控岩控矿作用。在局部地段还初步解译出环形构造。此外，区内在浒湾镇-金溪县、瑶圩镇、冷水镇附近解译出较多羟基异常，在赛阳关岩体中部及西侧、金溪县等处见有较强铁染异常分布。由于黎圩积幅西侧、浒湾幅东侧及瑶圩幅大多为村镇居住地，对羟基铁染异常的解译可能影响较大。

黎圩积幅范围内的线环解译结果显示（图3-2），区内存在北东向及北北东向的大断裂构造，并存在北西向、南北向大小不一的断裂构造以及羽状断裂构造，均较集中于区内东北部山区丘陵地带（赛阳关岩体周边）。线形构造分布密集区，环线构造分布也较密集，二者有穿插、相切等形态分布，部分环形构造为半环形。将线环构造与区域矿产点叠加，发现该区的矿产大部分分布在各级线形构造的周边，特别是线形构造交会处。根据遥感影像提取的羟基异常（图3-3）多分布于 $Qh_{1-2}l$ 中，而铁染异常多分布于流纹岩、凝灰岩及石英闪长玢岩中（图3-4）。

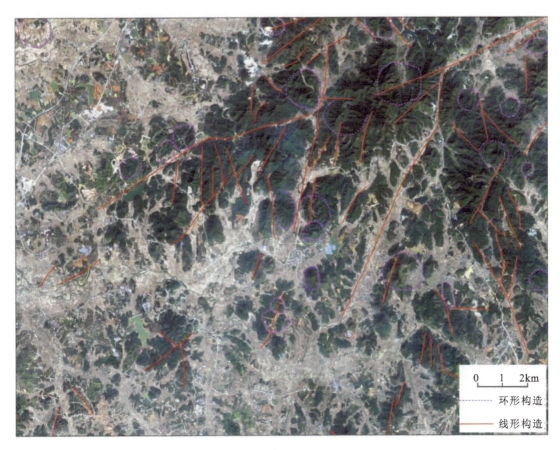

图3-2 黎圩积幅线环解译结果图（江西省地质矿产勘查开发局九一二大队，2020）

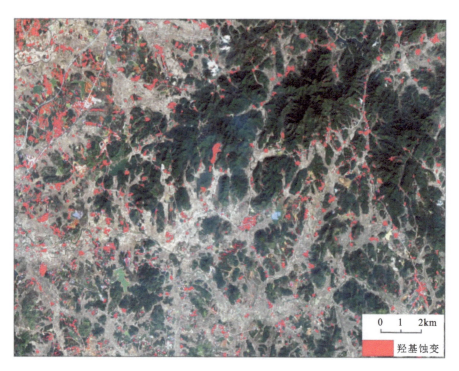

图3-3 黎圩积幅羟基蚀变异常提取(江西省地质矿产勘查开发局九一二大队,2020)

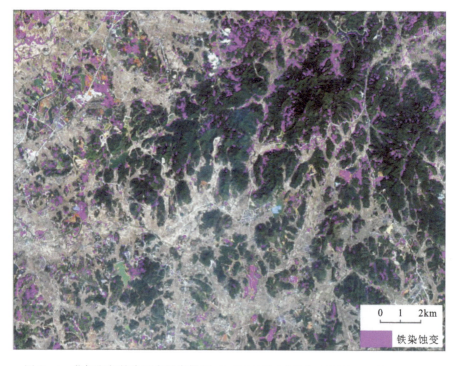

图3-4 黎圩积幅铁染蚀变异常提取(江西省地质矿产勘查开发局九一二大队,2020)

第二节 地球物理特征

一、磁法异常特征

本次工作在黎圩积幅开展了1:5万地面高精度磁法测量。野外采用的CZM-5质子磁力仪是利用氢质子磁矩在地磁场中自由旋进的原理研制成的高灵敏度弱磁测量装置，其磁场测量精度为±1nT，分辨率高达0.1nT，符合《地面高精度磁测技术规程》(DZ/T 0071—93)要求。

1. 异常评价

对异常点进行分析判断，部分进行实地踏勘验证，消除人为干扰后，进行日变改正、正常场改正、高度改正，利用RGIS2016软件绘制磁异常等值线平面图、磁化极异常等值线平面图等图件。根据磁异常等值线平面图圈定磁异常，本研究共圈出15处磁异常（图3-5）。

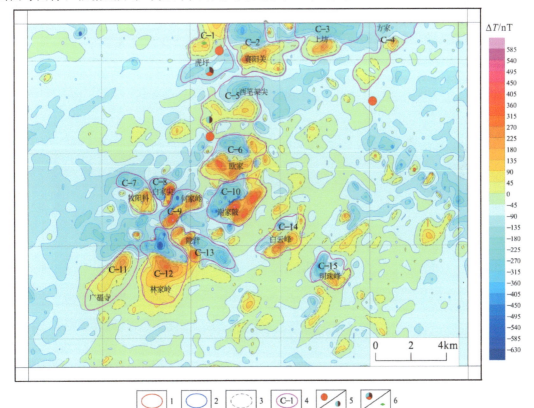

1. ΔT 正等值线；2. ΔT 负等值线；3. ΔT 零值线；4. 异常编号及范围；5. 金矿点/铅锌矿点；6. 金铅锌矿点/高岭土矿点。

图3-5 黎圩积幅1:5万地面高精度磁测综合异常图（江西省地质矿产勘查开发局九一二大队，2020）

磁异常整体较为杂乱，正异常大致呈北东向展布。经与航磁 ΔT 等值线数据对比，研究区中部的梯级带对应较好。磁异常主要分布在研究区北部赛阳关、虎圩、西笔架尖及中部欧家、牧阳科、白云峰等地区，多表现为正、负异常相伴生。在圈出的15处磁异常中，C-1、C-3、C-4、C-5分别与本研究圈出的HS1、HS2、HS3、HS4水系沉积物综合异常相对应。初步认为虎圩C-1、赛阳关C-2、西笔架尖C-5、欧家C-6为找矿潜力较大的异常。

本次研究完成音频大地电磁测量点115个，共3条剖面，对研究区的地层和岩性进行了初步划分，初步推测解译了F1、F2两条断裂构造，在各条测线与断层交会处圈定了低阻异常体，结合地质资料初步推测为含硫化物的火山碎屑岩。

2. 异常解释推断

断裂往往会引起磁异常发生突变，不同的异常特征反映了不同的断裂构造形式，从而可以根据其磁场特征对断裂体系进行定性或定量分析，如等轴状、串珠状、条带状磁异常往往反映了沿断裂分布的岩墙、岩脉，等值线密集分布的梯度带往往反映了台阶状断层、断裂带或者具有不同磁性的岩体的陡直接触带（方菲，2020）。

本研究根据磁异常共推测出20条断裂（图3-6，表3-1）。其中北北东向8条、北东向

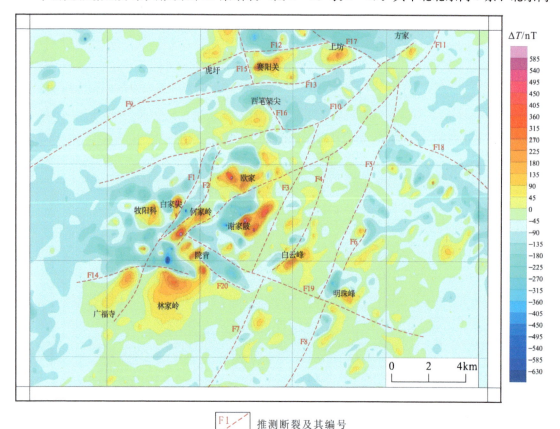

图 3-6 黎圩积幅地面高精度磁测解译推断成果示意图（江西省地质矿产勘查开发局九一二大队，2020）

表 3-1 磁法推断构造一览表

组别	编号	地理位置	走向/(°)	长度/km	与已知断裂对比
北北东向	F1	西塘徐家、龚家	200	10.5	中段与西塘徐家-泽塘口断裂位置一致,北段位于徐家-泽塘口断裂西偏约400m,南段为徐家-泽塘口断裂的延伸方向
	F2	银峰尖、泽塘口	200~210	6	位于徐家-泽塘口断裂东侧,走向与其近平行
	F3	船岭、黎圩积	200	8.5	位于西庙板-梧溪断裂东侧约1km处,走向略有偏差
	F4	横岭下、杨桂林	200~210	7	位于厚山-白蚁岭东侧约300m处
	F5	大石下、烟岭岗	200	12	与坑西断裂位置几乎一致,往南延伸约4km
	F6	柳树岭、里阳	205	2.5	位于珠山-大岭断裂东南侧,走向略有偏差
	F7	武坊、云雾岭	205	6.5	无
	F8	合市镇	205	5	与合市断裂位置几乎一致
北东向	F9	周家、岗背郑家	60	13	无
	F10	卷扛峰、走马岗林场	40~60	19	无
	F11	查林、后畲	40~60	18.5	与查林-城门断裂位置几乎一致,往南延伸约4km
近东西向	F12	猴伏头、上坊	80	4.5	无
	F13	三城桥、周坊	70~90	12.5	无
	F14	饶坊邓家、渡头岭	70~100	6	无
北北西向	F15	上麻溪、竹园	340	3	无
	F16	西笔架尖	340	2	与笔架尖断裂位置几乎一致,但往北延伸较短
北西向	F17	上坊、张家边	300	4	无
	F18	坑西、慈眉黄家	300	6	北西段与坑西-慈眉黄家断裂几乎一致,南东段稍往北偏
	F19	涂家、柏林	290	14	无
	F20	院背、梨树岭	300	3	无

3条、近东西向3条、北北西向2条、北西向4条。F1、F5、F8、F11、F16、F18号推测断裂与已知的断裂位置大致一致。

1) C-1 虎圩磁异常,位于图幅北部杨塘水库西侧

异常呈板状,近南北向,面积 6.19km²。正、负异常伴生出现,负异常位于正异常南侧。正异常存在2个串珠状异常中心,异常梯度平缓,异常强度中等,极大值为163.4nT,

极小值为－208.7nT。化极后异常北移，负异常规模略有减小。上延后异常除强度减弱外，异常特征变化不大。

异常区主要出露河口组砂砾岩、粉砂岩等碎屑岩，打鼓顶组周家源段含角砾熔岩、流纹岩，早白垩世石英闪长玢岩及第四系。异常区见有北北西向、北东向小规模断裂构造。异常区内已发现有虎圩金矿、柴古垄铅锌矿2个小型矿床。

异常区北部存在1∶20万航磁异常，1∶20万布格重力正值区，1∶5万水系沉积物Au、Pb、Zn、Cd、Ag等异常；东北部及南部存在少量1∶5万遥感铁染异常。推测异常由石英闪长玢岩及高磁性矿化脉引起。

2）C-2赛阳关磁异常，位于图幅中北部杨塘水库东侧赛阳关地区

异常呈不规则状，面积7.14km²。正、负异常伴生出现，负异常位于正异常北侧，负异常规模略小于正异常。正异常存在3个异常中心。异常梯度较大，异常强度也较大，极大值为655.4nT，极小值为－433.6nT。化极后异常北移，正异常规模增大，强度增大，而负异常规模减小。上延后异常除强度减弱外，异常特征变化不大。

异常区主要出露早白垩世石英闪长玢岩及打鼓顶组周家源段含角砾熔岩、流纹岩。异常区见有北北西向、北西向、北北东向小规模断裂构造。矿化蚀变主要见有硅化、黄铁矿化、碳酸盐化等。

异常区存在1∶20万航磁异常、1∶20万布格重力正值区；南部存在Co、Ni、B等1∶5万水系沉积物异常；北部存在少量1∶5万遥感铁染异常。推测异常由石英闪长玢岩及高磁性蚀变矿化脉引起。

3）C-3上坊磁异常，位于图幅中北部蛮桥水库西侧上坊地区

异常呈半椭圆状，大致呈北东走向，面积5.44km²。正、负异常伴生出现，负异常位于正异常北侧，负异常规模大于正异常。异常梯度较大，异常强度较大，极大值为347nT，极小值为－314.5nT。化极后异常北移，正异常规模增大，强度增大，而负异常规模减小，北侧负异常几乎消失。上延后异常除强度减弱外，异常特征变化不大。

异常区主要出露打鼓顶组周家源段含角砾熔岩、流纹岩，虎岩段下亚段流纹-安山质熔结集块岩、沉凝灰岩、凝灰质粉砂岩，早白垩世石英闪长玢岩及第四系。异常区见有北北西向、北西向小规模断裂，发育硅化，见少量褐铁矿。

异常区西南部存在1∶20万航磁异常，位于1∶20万布格重力零值区附近，发育1∶5万水系沉积物Pb、Zn、Cu、As、Sb、Mn等异常。西部存在少量1∶5万遥感铁染异常。推断此异常由石英闪长玢岩或蚀变岩石中磁性物质富集引起。

4）C-4查林磁异常，位于图幅东北部蛮桥水库东侧查林地区

异常呈北东向串珠状，面积5.40km²。正、负异常伴生出现，负异常位于正异常北侧，正异常存在3个异常中心。异常梯度平缓，异常强度较小，极大值为197.3nT，极小值为－183.4nT。化极后异常北移，正异常规模增大，强度增大，而负异常规模减小，北侧负异常几乎消失。上延500m后异常基本消失。

异常区主要出露打鼓顶组虎岩段下亚段流纹-安山质熔结集块岩、沉凝灰岩、凝灰质粉砂岩。在异常区西南侧出露有富钾安山玢岩。异常区位于北东向查林-城门断裂北侧，另发

育有北北西向、北北东向、近东西向小规模断裂。蚀变类型主要为硅化、绿泥石化等。

异常区位于1∶20万布格重力零值区附近，发育1∶5万水系沉积物Pb、Cu、Ag等异常。推断此异常由打鼓顶组安山岩或蚀变岩石中磁性物质富集引起。

5) C-5西笔架尖磁异常，位于图幅中北部杨家岭水库东侧西笔架尖地区

异常呈似椭圆形，大致呈北东走向，面积$6.91km^2$。正、负异常伴生出现，负异常位于正异常北侧，正异常存在2个异常中心。异常梯度平缓，异常强度中等，极大值为161.3nT，极小值为-362.3nT。化极后异常北移，正异常规模增大，强度增大，而负异常规模减小，北侧负异常几乎消失。上延后异常除强度减弱外，异常特征变化不大。

异常区主要出露打鼓顶组周家源段含角砾熔岩、流纹岩，花草尖段流纹-安山质熔结凝灰岩。异常区东北侧出露有石英闪长玢岩，断裂十分发育，较大的断裂有北东东向杨家源水库断裂，北西向笔架尖断裂、炉前断裂。矿化蚀变强烈，主要为硅化、绿泥石化、赤铁矿化、镜铁矿化、铅锌矿化等。

异常南部存在1∶20万航磁异常，位于1∶20万布格重力正值区附近，发育1∶5万水系沉积物Au、Pb、Zn、Cd、Ag、Mn等异常。推测异常可能由断裂中的高磁性物质或蚀变矿化脉引起。

6) C-6欧家磁异常，位于图幅中部馒头岭—欧家一带

异常呈似椭圆状，大致呈北东走向，面积约$6.07km^2$。正、负异常伴生出现，负异常位于正异常北侧。正异常存在3个串珠状异常中心。异常梯度大，异常强度大，极大值为1 050.8nT，极小值为-660.4nT。化极后异常北移，正异常强度增大，北侧负异常规模减小，南侧出现负异常。上延后异常除强度减弱外，异常特征变化不大。

异常区主要出露打鼓顶组虎岩段中亚段流纹-安山质熔结凝灰岩、凝灰质粉砂岩。异常区断裂十分发育，包括北西向、北北西向、北北东向、北东向、近东西向断裂，较大的断裂有北北东向欧家北断裂。矿化蚀变较强，主要为硅化、绿泥石化、赤铁矿化等。

异常南部存在1∶20万航磁异常，位于1∶20万布格重力零值区，发育1∶5万水系沉积物Au、Ag、As等异常。推测异常可能由局部岩石中磁性物质富集引起。

7) C-7牧阳科磁异常，位于图幅中西部丰产水库南侧牧阳科地区

异常呈似葫芦状，大致呈北西走向，面积$2.88km^2$。正、负异常伴生出现，负异常位于正异常北西侧，负异常存在2个葫芦状异常中心。异常梯度较大，异常强度较大，极大值为310.2nT，极小值为-417.4nT。化极后异常北移，正异常强度增大，北侧负异常规模减小，南侧出现负异常，形成南北两侧为负异常、中部为正异常的特征。上延后异常除强度减弱外，异常特征变化不大。

异常区主要出露打鼓顶组虎岩段中亚段流纹-安山质熔结凝灰岩、凝灰质粉砂岩，虎岩段下亚段流纹-安山质熔结集块岩、沉凝灰岩、凝灰质粉砂岩及第四系碎屑岩。异常区断裂主要为北西向。

异常区东南部存在1∶20万航磁异常，位于1∶20万布格重力正值区；南部存在1∶5万水系沉积物Sn、Hg、Ni等异常，以及少量1∶5万遥感铁染异常。该异常可能由打鼓顶组高磁性流纹岩、安山岩或蚀变矿化脉引起。

8) C-8 白家尖磁异常，位于图幅中西部白家尖地区

异常呈倒三角状，有3个异常中心，面积 $1.45km^2$。正、负异常伴生出现，负异常位于正异常北西侧。正、负异常都存在2个葫芦状异常中心。异常梯度大，异常强度大，极大值为 972.4nT，极小值为 −553.9nT。化极后异常北移，正异常规模增大，强度增大，而负异常规模减小。上延500m后负异常基本消失。

异常区主要出露打鼓顶组虎岩段中亚段流纹-安山质熔结凝灰岩、凝灰质粉砂岩。异常区断裂较为发育，主要见有北西向、北北西向、北东向断裂。

异常区南部存在1∶20万航磁异常，位于1∶20万布格重力正值区。推测异常可能与打鼓顶组高磁性火山岩有关，也可能由隐伏岩体引起。

9) C-9 何家岭磁异常，位于图幅中西部何家岭地区

异常呈拇指状，大致呈北东向，面积 $2.74km^2$。正、负异常伴生出现，负异常位于正异常北西侧。正异常存在2个葫芦状异常中心。异常梯度大，异常强度大，极大值为 1 014.8nT，极小值为 −630.9nT。化极后异常北移，正异常规模增大，强度增大，而负异常规模减小。上延500m后负异常基本消失。

异常区主要出露打鼓顶组虎岩段中亚段流纹-安山质熔结凝灰岩、凝灰质粉砂岩及第四系碎屑岩。异常区断裂主要为北东向西塘徐家-泽塘口断裂。

异常中西部及东北角存在1∶20万航磁异常，位于1∶20万布格重力正值区；北部存在1∶5万水系沉积物 As 异常及少量1∶5万遥感铁染异常。推测异常由北东向西塘徐家-泽塘口断裂中的高磁性物质引起。

10) C-10 谢家陂磁异常，位于图幅中部灯芯岭—谢家陂一带

异常呈似椭圆状，大致呈北东向，面积 $5.89km^2$。正、负异常伴生出现，负异常位于正异常北西侧。正异常存在3个异常中心，负异常存在2个异常中心。异常梯度大，异常强度大，极大值为 915.1nT，极小值为 −728.8nT。化极后异常北移，南侧出现负异常，形成北东为正异常，北西、南、东南为负异常的特征。上延后异常除强度减弱外，异常特征变化不大。

异常区主要出露打鼓顶组梧溪段下亚段流纹岩、角砾凝灰岩、凝灰岩及第四系碎屑岩，出露少量打鼓顶组虎岩段中亚段地层。异常区断裂主要为北北东向西庙板-梧溪断裂，另见有近东西向小规模断裂。

异常区分布在1∶20万航磁异常79-73中，位于1∶20万布格重力零值区附近，存在1∶5万水系沉积物 Au、Ag、As、Mo、Sn 等异常。北部存在少量1∶5万遥感铁染异常。该异常可能由打鼓顶组高磁性流纹岩或沿北东向断层侵入的高磁性脉体引起。该异常区电线较多，也可能是干扰异常。

11) C-11 广福寺磁异常，位于图幅西南部陈坊乡—广福寺一带

异常呈似椭圆状，呈北东向，面积 $5.26km^2$，主要为正磁异常。异常存在1个异常中心，异常梯度大，异常强度大，极大值为 279.2nT。化极后异常北移，南侧出现负异常，形成北东向正异常带。上延后异常除强度减弱外，异常特征变化不大，上延1000m后异常基本消失。

异常区主要出露打鼓顶组梧溪段下亚段流纹岩、角砾凝灰岩、凝灰岩及第四系碎屑岩，

出露少量打鼓顶组虎岩段中亚段地层。异常区断裂主要为北北东向西庙板-梧溪断裂，另见有近东西向小规模断裂。

异常区分布在1：20万航磁异常79-73中，位于1：20万布格重力零值区附近，存在1：5万水系沉积物Au、Ag、As、Mo、Sn等异常。北部存在少量1：5万遥感铁染异常。该异常可能由打鼓顶组高磁性流纹岩或沿北东向断层侵入的高磁性脉体引起。

12）C-12渡头岭磁异常，位于图幅西南部上张水库东侧渡头岭—林家岭一带

异常呈不规则状，面积7.76km²。正、负异常伴生出现，负异常位于正异常北侧。异常梯度大，异常强度大，极大值为313.8nT，极小值为-1131.1nT。化极后异常北移。上延后异常除强度减弱外，异常特征变化不大。

异常区主要出露打鼓顶组梧溪段中亚段英安质流纹岩、含角砾凝灰岩、凝灰岩，下亚段流纹岩、角砾凝灰岩、凝灰岩及第四系碎屑岩。异常区中部出露有英安玢岩。异常区见有北东东向、北西向断裂。

异常区存在1：20万航磁异常，位于1：20万布格重力零值区附近。北部存在1：5万水系沉积物Sb、F、Au、Hg、Cd等异常，以及少量1：5万遥感铁染异常。推测该异常可能由打鼓顶组高磁性流纹岩或北西向断裂引起。

13）C-13院背磁异常，位于图幅中部后畲—梨树岭一带

异常呈北西向板状，面积3.90km²。正、负异常伴生出现，负异常位于正异常东南侧。正异常存在3个串珠状异常中心，异常梯度较大，异常强度较大，极大值为607.4nT，极小值为-494.8nT。化极后异常北移。上延后异常除强度减弱外，异常特征变化不大。

异常区主要出露第四系碎屑岩，出露少量打鼓顶组梧溪段下亚段流纹岩、凝灰岩，虎岩段中亚段流纹-安山质熔岩。异常区中部出露有英安玢岩。异常区见有北东东向、北西向断裂。

异常西北部存在1：20万航磁异常，位于1：20万布格重力正值区，存在1：5万水系沉积物Mn异常。东南部存在1：5万水系沉积物Bi异常，存在少量1：5万遥感铁染异常。推测磁异常由北西向断裂中高磁性物质引起。由于该区人为活动较多，该异常也可能是干扰异常。

14）C-14白云峰磁异常，位于图幅中部黎圩积镇东南侧白云峰地区

异常呈北东向板状，面积3.87km²。正、负异常伴生出现，负异常位于正异常北西侧。正异常存在3个串珠状异常中心，异常梯度较大，异常强度较大，极大值为632nT，极小值为-395.1nT。化极后异常北移，正异常规模有所增大。上延500m后负异常基本消失。

异常区主要出露打鼓顶组梧溪段上亚段流纹岩、流纹质玻屑凝灰岩、角砾凝灰岩。出露少量打鼓顶组梧溪段下亚段流纹岩、凝灰岩，虎岩段中亚段流纹-安山质熔岩，洪山组变质砾岩、二云片岩。异常区断裂主要为北北东向老西浒-大元断裂，并见有北西向小咕哝断裂，在异常区南溪侧见有1个火山口。

异常南东部存在1：20万航磁异常，位于1：20万布格重力正值区，存在1：5万水系沉积物Co、Hg、Mn等异常。北部存在少量1：5万遥感铁染异常及羟基异常。推测异常可能由洪山组中的铁矿层或北东向断裂中的高磁性物质引起。

15）C-15 明珠峰磁异常，位于图幅东南部黎阳-明珠峰地区

异常呈元宝状，面积 2.93km²。正、负异常伴生出现，负异常位于正异常北西侧。异常梯度较大，异常强度较大，极大值为 272.9nT，极小值为 −542.3nT。化极后异常北移，正异常规模增大。上延后异常除强度减弱外，异常特征变化不大。

异常区主要出露打鼓顶组梧溪段上亚段流纹岩、流纹质玻屑凝灰岩、角砾凝灰岩。出露少量打鼓顶组梧溪段下亚段流纹岩、凝灰岩。异常区西侧出露少量英安玢岩。异常区内未见明显断裂。

异常南部存在1∶20万航磁异常，位于1∶20万布格重力零值区附近，存在1∶5万水系沉积物 Co、Sn 等异常。推测异常可能由打鼓顶组高磁性流纹岩引起。

二、电法异常特征

1. 电法异常划分原则

测线段出露的岩性主要有晶屑凝灰岩和熔结凝灰岩，深部可能存在侵入岩，如石英闪长玢岩。熔结凝灰岩为高阻，石英闪长玢岩为中高阻，晶屑凝灰岩为中低阻，其中熔结凝灰岩与其他两者差异明显（表3-2）。此电性差异是判读目的层位岩性分段与其他岩性分段的重要依据。

表3-2 岩石物性测定统计表

序号	露头岩性	$\rho/(\Omega \cdot m)$			数据来源
		最大值	最小值	平均值	
1	晶屑凝灰岩	596.44	292.68	398.97	本研究实测
2	晶屑凝灰岩（含矿）	631.27	209.44	399.47	
3	熔结凝灰岩	11 749.9	3 690.23	8 508.56	
4	石英闪长玢岩	3 553.39	325.71	1 287.45	
5	花岗斑岩	1458	229	540	（江西省地质调查研究院，1973）
6	混合花岗岩	8315	137	1234	
7	凝灰岩	513	513	513	
8	晶屑凝灰岩	2963	37	679	
9	沉凝灰岩	1784	1259	1522	
10	熔结凝灰岩	65 885	156	5975	
11	含矿晶屑凝灰岩	2229	3	668	

2. 电法异常特征及推断解释

1）21线异常特征描述及推断解释

21线剖面长 2.48km，物理点38个。沿测线出露的地层及岩性段主要为早白垩世打鼓

顶组熔结凝灰岩、晶屑凝灰岩、熔结集块岩和凝灰熔岩。根据图3-7，电阻率变化于10～50 000Ω·m之间，反演深度约1000m。测线左侧、右侧以及中部的浅部和深部表现为高阻，测线中部的中部表现为中低阻（图3-7）。

根据电阻率变化特征，结合地质资料，对地层和侵入岩进行了大致划分，主要有第四纪全新世联圩组，早白垩世打鼓顶组花草尖段、虎岩段下亚段和中亚段。

（1）第四纪全新世联圩组主要分布在1480—1640段浅部，最深处约24m。

（2）早白垩世打鼓顶组花草尖段主要分布在测线1880—2480段，地层较厚，电阻率值较高，标高100～-760m处表现为高阻异常，推测为熔结凝灰岩，底部中低阻异常推测为晶屑凝灰岩。

（3）早白垩世打鼓顶组虎岩段下亚段主要分布在1360—1880段。上部电阻率值较高，推测为熔结集块岩。中部为中低阻—低阻，推测为凝灰质粉砂岩和断裂的综合反映。其中1360—1800段标高-200m～-700m处存在倒三角形低阻异常，该异常体有向深部延伸的趋势。结合地质资料，在已出露的地表断裂中可见黄铜矿、黄铁矿等硫化物，因此推测该异常体为含硫化物的火山碎屑岩。底部的高阻异常推测为熔结集块岩。

（4）早白垩世打鼓顶组虎岩段中亚段主要分布在1000—1360段，电阻率值以高值为主，高阻异常推测为凝灰熔岩，底部中低阻地段推测为凝灰质粉砂岩。

根据电阻率变化特征，结合地质资料，推测有2条断层，物探编号分别为F1、F2。其中，F1断层大致在1340点产出，总体倾向北东，向下延伸约580m，至1490点标高在-460m处与F2断层交会；F2断层大致在1880点产出，倾向南西，延深较大。F1、F2断层交会处及沿断层走向方向两侧电阻率皆较低，电阻率值在60Ω·m以下。在21线F2断层地表可见黄铜矿、黄铁矿等硫化物，由此推测该低阻体为含硫化物火山碎屑岩，与断裂构造有关。

2）22线异常特征描述及推断解释

22线剖面长2.52km，物理点39个。沿测线出露的地层及岩性段主要有早白垩世打鼓顶组的熔结凝灰岩、晶屑凝灰岩、熔结集块岩和凝灰熔岩。根据图3-8，电阻率变化于10～50 000Ω·m之间，反演深度约1000m。测线右侧大部、左侧浅部和深部及中部的浅部表现为高阻，其余表现为中低阻（图3-8）。

根据电阻率变化特征，结合地质资料，对地层和侵入岩进行了大致划分，主要有第四纪全新世联圩组，早白垩世打鼓顶组花草尖段、虎岩段下亚段和中亚段。

（1）第四纪全新世联圩组主要分布在1440—1600段浅部，最深处约17m。

（2）早白垩世打鼓顶组花草尖段主要分布在测线1740—2520段，地层较厚，电阻率值以高值为主，标高200～-650m处为高阻异常，推测为熔结凝灰岩，底部中低阻异常推测为晶屑凝灰岩。

（3）早白垩世打鼓顶组虎岩段下亚段主要分布在1200—1740段，地层底部向南西倾，上部电阻率值以高值为主，推测为熔结集块岩；中部为中低阻—低阻，推测为凝灰质粉砂岩和断裂的综合反映，其中1260—1760段标高-100～-520m处存在凹口状低阻异常。结合地质资料，在已出露的地表断裂中可见黄铜矿、黄铁矿等硫化物，因此推测其为含硫化物的

音频大地电磁测深21线卡尼亚视电阻率断面图

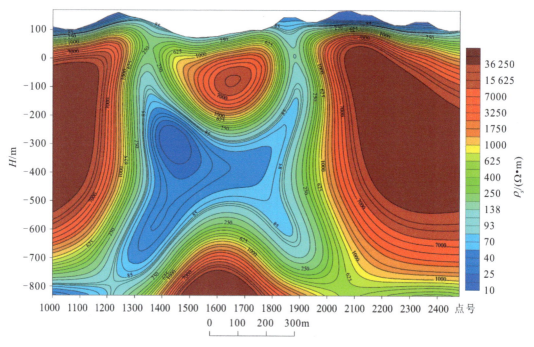

音频大地电磁测深21线推断解释图

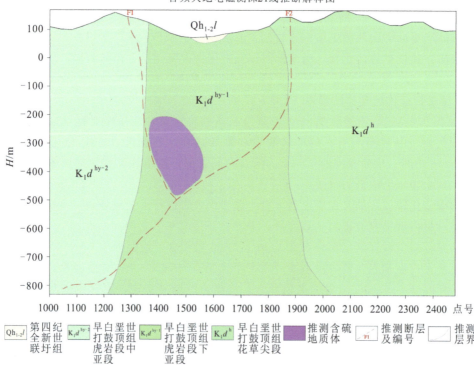

图 3-7　21线 AMT 测深电阻率反演解释图

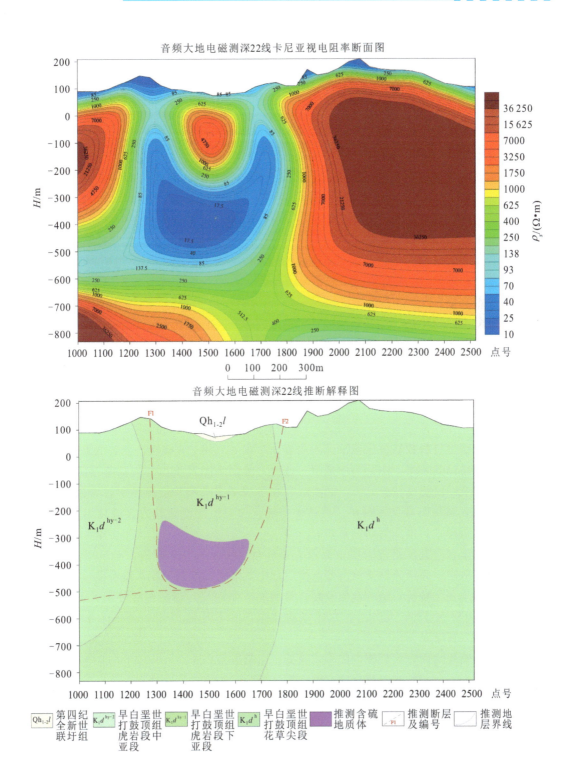

图 3-8　22 线 AMT 测深电阻率反演解释图

火山碎屑岩。底部的高阻异常推测为熔结集块岩。

（4）早白垩世打鼓顶组虎岩段中亚段主要分布在 1000—1200 段，电阻率值以高值为主，底部为中低阻。高阻异常推测为熔岩，中低阻异常推测为凝灰质粉砂岩。

根据电阻率变化特征，结合地质资料，推测有 2 条断层，物探编号分别为 F1、F2。其中，F1 断层大致在 1300 点产出，总体倾向北东，向下延伸约 530m，至 1450 点标高 −430m 处与 F2 断层交会；F2 断层大致在 1790 点产出，倾向南西，延深较大。F1、F2 断层交会处及沿断层走向方向两侧电阻率皆较低，电阻率值在 60Ω·m 以下，且在 F2 断层地表可见黄铜矿、黄铁矿等硫化物，因此推测该低阻体为含硫化物火山碎屑岩，与断裂构造有关。

3）23 线异常特征描述及推断解释

23 线剖面长 2.48km，物理点 38 个。沿测线出露的地层及岩性段主要有早白垩世打鼓顶组熔结凝灰岩、晶屑凝灰岩、熔结集块岩和凝灰熔岩。根据图 3-9，电阻率变化于 10~50 000Ω·m 之间，反演深度约 1000m。测线左侧、右侧及中部的浅部和深部表现为高阻，其余表现为中低阻。

根据电阻率变化特征，结合地质资料，对地层和侵入岩进行了大致划分，主要有早白垩世打鼓顶组花草尖段、虎岩段中亚段和下亚段，第四纪全新世联圩组，隐伏岩体。

（1）第四纪全新世联圩组主要分布在 1460—1610 段浅部，最深处约 22m。

（2）早白垩世打鼓顶组花草尖段主要分布在测线 1800—2480 段，地层较厚，电阻率值以高值为主，高阻异常上宽、下窄，推测为熔结凝灰岩，底部中低阻异常推测为晶屑凝灰岩。

（3）早白垩世打鼓顶组虎岩段下亚段主要分布在 1370—1800 段，上部电阻率值以高值为主，推测为熔结集块岩；中部为中低阻—低阻，推测为凝灰质粉砂岩和断裂的综合反映，其中 1440—1850 段标高在 −330~−650m 存在不规则多边形状低阻异常。结合地质资料，在已出露的地表断裂中可见黄铜矿、黄铁矿等硫化物，因此推测其为含硫化物的火山碎屑岩。底部的高阻异常，推测为熔结集块岩。

（4）早白垩世打鼓顶组虎岩段中亚段主要分布在 1000—1370 段，电阻率值以高值为主，底部为中低阻。高阻异常推测为凝灰熔岩，中低阻异常推测为凝灰质粉砂岩。

根据电阻率变化特征，结合地质资料，推测有 2 条断层，物探编号分别为 F1、F2。其中，F1 断层大致在 1300 点产出，总体倾向北东，向下延伸约 650m，至 1600 点标高在 −580m 处与 F2 断层交会；F2 断层大致在 1890 点产出，倾向南西，延深较大。F1、F2 断层交会处及沿断层走向方向两侧电阻率均较低，电阻率值在 60Ω·m 以下，且在 23 线 F2 断层地表可见黄铜矿、黄铁矿等硫化物，因此推测该低阻体为含硫化物火山碎屑岩，与断裂构造有关。

综上所述，3 条剖面在深部 F1、F2 断层交会处及沿走向两侧，皆表现为低阻特征。其中 22 线低阻异常有向地表倾出的趋势，且在该线 F2 断层地表可见黄铜矿、黄铁矿等硫化物，推测深部存在含硫化物火山碎屑岩的可能性较大，并受 F1、F2 断层共同控制。本次 AMT 勘查区域东西两侧存在异常的可能性较大，具有进一步工作的意义。

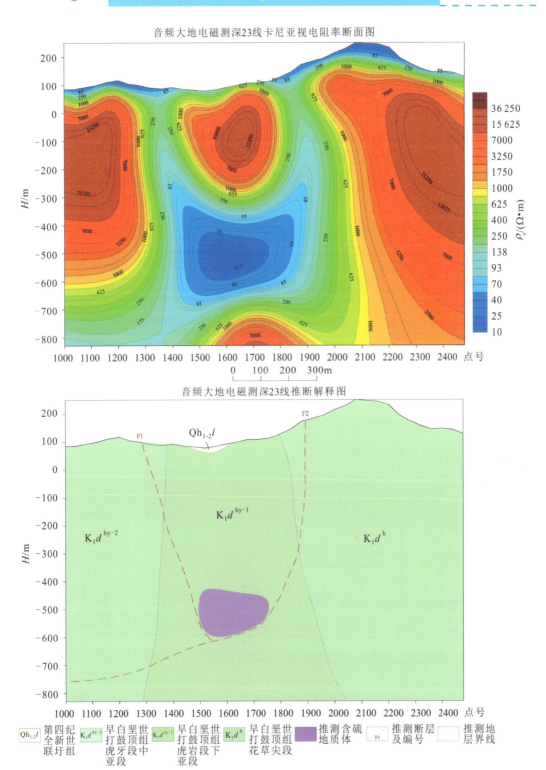

图 3-9 23 线 AMT 测深电阻率反演解释图

第三节 地球化学特征

本研究在黎圩积幅开展了1:5万水系沉积物地球化学测量。水系沉积物样品约90%分布在1级水系中,约10%分布在2级水系中,个别样品分布在3级水系中。共采集1995件基本样,平均采样密度4.47件/km²。

一、元素地球化学特征及分布规律

1. 元素地球化学参数特征

黎圩积幅水系沉积物的地球化学参数,包括各元素含量的最大值、算术平均值、标准离差、中位数、背景值统计样品数、背景值、剔除高值点后标准离差、变异系数、浓集系数等(刘英俊等,1984)列于表3-3。

表3-3 黎圩积幅水系沉积物地球化学参数统计表

元素	最大值	算术平均值	标准离差	中位数	背景值统计样品数	背景值	剔除高值点后标准离差	变异系数	全国水系沉积物丰度	浓集系数
Au ($\times 10^{-9}$)	6.8	2.74	12.76	0.87	1889	1.19	1.12	4.65	2.03	1.351
Cu ($\times 10^{-6}$)	61.37	16.66	13.94	13.85	1973	15.73	8.93	0.84	25.56	0.652
Pb ($\times 10^{-6}$)	196	59.6	152.1	35.89	1928	42.23	28.86	2.55	29.19	2.042
Zn ($\times 10^{-6}$)	409.5	106.4	171.5	73.25	1961	90.8	63.99	1.61	77.17	1.379
Ag ($\times 10^{-6}$)	0.35	0.13	0.26	0.08	1904	0.09	0.05	1.97	0.09	1.391
As ($\times 10^{-6}$)	46.61	11.23	11.1	8.96	1976	10.5	7.27	0.99	13.29	0.845
Sb ($\times 10^{-6}$)	3.5	1.14	0.84	0.96	1955	1.05	0.5	0.74	1.42	0.804
Bi ($\times 10^{-6}$)	1.72	0.43	0.31	0.39	1984	0.42	0.25	0.72	0.5	0.862
Hg ($\times 10^{-9}$)	207.18	51.87	38.71	43.08	1977	49.90	32.52	0.75	69	0.752
W ($\times 10^{-6}$)	9.54	2.43	2.92	2.11	1987	2.32	1.43	1.21	2.73	0.889
Sn ($\times 10^{-6}$)	10.23	3.92	4.26	3.43	1954	3.55	1.44	1.09	4.13	0.95
Mo ($\times 10^{-6}$)	3.91	1.29	0.62	1.18	1980	1.26	0.54	0.48	1.13	1.143
Cd ($\times 10^{-6}$)	3.75	0.63	1.51	0.27	1979	0.55	0.65	2.37	0.26	2.46
Cr ($\times 10^{-6}$)	214.8	57.03	42.84	52.57	1986	55.44	32.83	0.75	67.86	0.84
Co ($\times 10^{-6}$)	24.88	6.89	4.07	6.1	1986	6.78	3.72	0.59	13.1	0.526
Ni ($\times 10^{-6}$)	45.36	11.54	14.91	8.97	1974	10.47	6.93	1.29	28.66	0.403
Mn ($\times 10^{-6}$)	3036	551	557.9	367	1982	527.1	470.1	1.01	728.6	0.756
F ($\times 10^{-6}$)	1213	371.1	212.7	332.1	1984	363.9	187.7	0.57	528.5	0.702
B ($\times 10^{-6}$)	149.6	41.71	23.23	38.26	1995	41.71	23.23	0.56	51.25	0.814
Be ($\times 10^{-6}$)	11.37	2.15	1.85	1.66	1989	2.12	1.76	0.86	2.28	0.944
Ba ($\times 10^{-6}$)	2916	556.3	470.8	422.5	1992	551.5	453.9	0.85	521.7	1.066
Li ($\times 10^{-6}$)	243.9	53.89	40.3	42.2	1987	52.89	37.06	0.75	33.94	1.588
La ($\times 10^{-6}$)	110.7	38.8	15.99	37.58	1992	38.64	15.42	0.41	41.1	0.944

注:全国水系沉积物丰度采用中国水系沉积物元素含量统计结果(鄢明才等,1995)。

2. 相关性分析

元素组合是元素亲合性在地质体内的具体表现，而元素亲合性又与地质环境有关。因此，不同元素组合是不同地球化学信息的综合反映。本次研究对 2125 个水系沉积物数据进行了 R 型聚类分析，截取距离系数（相关系数）0.35 为指标，得到相关性较强的 4 个簇群（蒋起保等，2021）。Ⅰ 簇 Zn、Cd、Au、Pb、Cu、Ag，多为亲铜元素；Ⅱ 簇 As、Sb、Mo；Ⅲ 簇 F、Be、Mn、Ba、La、Co；Ⅳ 簇反映了与基性、超基性岩关系密切的 Cr、Ni 等亲铁元素（图 3-10）。

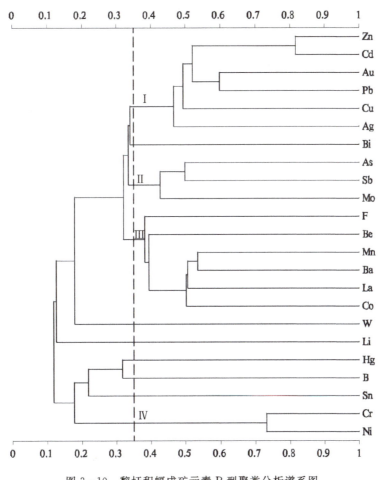

图 3-10 黎圩积幅成矿元素 R 型聚类分析谱系图

为了解元素在不同地质体中的分配、富集、贫化规律，对全区进行了地质子区划分。综合考虑地质年代、岩性、样品个数等因素，将样品划分为第四纪碎屑岩区、晚白垩世碎屑岩区、打鼓顶组梧溪段上亚段次火山岩区、打鼓顶组梧溪段下亚段次火山岩区、打鼓顶组虎岩段上亚段次火山岩区、打鼓顶组虎岩段中亚段次火山岩区、打鼓顶组虎岩段下亚段次火山岩区、打鼓顶组花草尖段次火山岩区、打鼓顶组周家源段次火山岩区、南华纪浅变质岩区、早白垩世中酸性岩区、早志留世中酸性岩区，共计12个地质单元。

3. 元素地球化学分布规律

1）不同地质单元中元素的背景值

各地质单元各元素背景值统计结果表明：①Au在早白垩世中酸性岩区、打鼓顶组虎岩段中亚段次火山岩区、打鼓顶组周家源段次火山岩区、打鼓顶组花草尖段次火山岩区、晚白垩世碎屑岩区、打鼓顶组虎岩段下亚段次火山岩区为高背景；②Pb在打鼓顶组虎岩段中亚段次火山岩区、打鼓顶组周家源段次火山岩区、早白垩世中酸性岩区、打鼓顶组虎岩段下亚段次火山岩区、打鼓顶组花草尖段次火山岩区为高背景；③Zn在早白垩世中酸性岩区、打鼓顶组周家源段次火山岩区、打鼓顶组虎岩段中亚段次火山岩区、打鼓顶组虎岩段下亚段次火山岩区为高背景；④Ag在打鼓顶组虎岩段中亚段次火山岩区、早白垩世中酸性岩区、打鼓顶组周家源段次火山岩区、打鼓顶组虎岩段下亚段次火山岩区为高背景；⑤Cu在南华纪浅变质岩区、打鼓顶组虎岩段中亚段次火山岩区为高背景。

2）不同地质单元中元素的富集特征

各地质单元各元素富集系数统计结果表明：①Au元素主要富集于早白垩世中酸性岩区、打鼓顶组虎岩段中亚段次火山岩区、打鼓顶组周家源段次火山岩区、晚白垩世碎屑岩区等岩层中；②Pb元素主要富集于早白垩世中酸性岩区、打鼓顶组周家源段次火山岩区、打鼓顶组虎岩段中亚段次火山岩区等岩层中；③Zn元素主要富集于打鼓顶组周家源段次火山岩区、早白垩世中酸性岩区、打鼓顶组虎岩段中亚段次火山岩区等岩层中；④Ag元素主要富集于打鼓顶组虎岩段中亚段次火山岩区、早白垩世中酸性岩区、打鼓顶组周家源段次火山岩区等岩层中。

3）不同地质单元中元素的分异特征

各地质单元各元素变异系数统计结果表明：①Au在打鼓顶组梧溪段下亚段次火山岩区、早白垩世中酸性岩区、打鼓顶组花草尖段次火山岩区、打鼓顶组周家源段次火山岩区、晚白垩世碎屑岩区、打鼓顶组虎岩段中亚段次火山岩区、第四纪碎屑岩区中表现出强分异；②Pb在晚白垩世碎屑岩区、早白垩世中酸性岩区、南华纪浅变质岩区中表现出强分异；③Zn在晚白垩世碎屑岩区、第四纪碎屑岩区、南华纪浅变质岩区中表现出强分异；④Ag在晚白垩世碎屑岩区、打鼓顶组虎岩段中亚段次火山岩区、打鼓顶组花草尖段次火山岩区、早白垩世中酸性岩区中表现出强分异。

4）不同地质单元中元素后生叠加特征

各地质单元各元素后生叠加系数统计结果表明：①Au在早白垩世中酸性岩区、晚白垩世碎屑岩区、打鼓顶组梧溪段下亚段次火山岩区、打鼓顶组虎岩段中亚段次火山岩区、打鼓顶组周家源段次火山岩区中极强叠加；②Pb在晚白垩世碎屑岩区、早白垩世中酸性岩区中极强叠加；③Zn在晚白垩世碎屑岩区中极强叠加。

二、异常评价

本研究通过1∶5万水系沉积物测量共圈定8处综合异常，总面积44.31km^2（图3-11）。

综合考虑异常面积、元素组合个数、元素组合中所有元素的NAP（规格化面金属量）总和，并考虑综合异常区内地层、构造、岩浆岩，以及是否已发现矿（化）点及成矿条件是否有利等因素，对综合异常进行排序。最终排序结果为虎圩、银峰尖、虎形山、甘坑林场、方家、田尾、上坊、张家边。

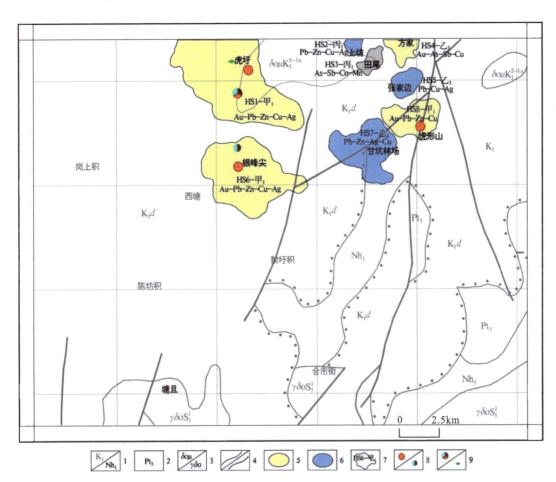

1. 下白垩统/下南华统；2. 新元古界；3. 石英闪长玢岩/（黑云母）英云闪长岩；4. 地质界线/角度不整合接触界线；5. 以金为主的综合异常；6. 以铅为主的综合异常；7. 综合异常范围及编号；8. 金矿点/铅锌矿点；9. 金铅锌矿点/高岭土矿点。

图3-11 黎圩积幅1∶5万水系沉积物测量综合异常图（江西省地质矿产勘查开发局九一二大队，2020）

1. 虎圩异常

虎圩 HS1-甲$_1$ 异常面积 17.17 km^2，异常总体呈北西向板状，异常组合元素多，异常规模大、强度高。异常呈现分带现象，中低温元素 Au 异常规模最大，中温元素 Pb、Zn、Ag、Cd 异常次之，中高温元素 Cu、Mn 异常再次之（图3-12）。这与赛阳关岩体周边上部为金矿、中部为铅锌、下部为铜的猜想一致。

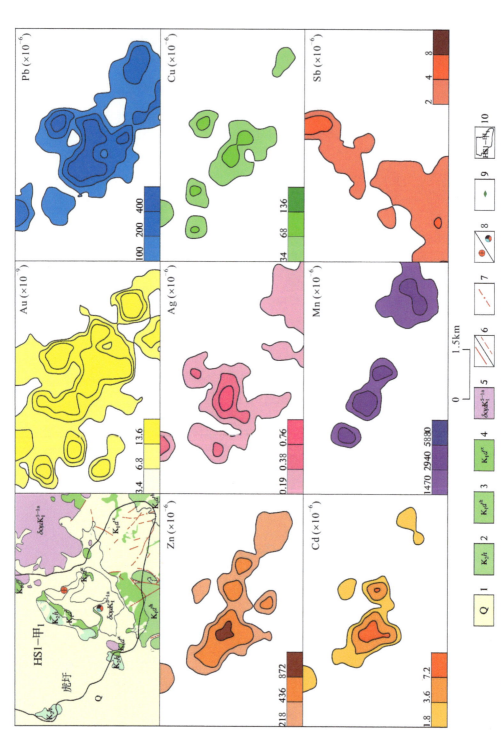

图3-12 HS1-甲₁异常剖析图

1.第四系；2.河口组；3.打鼓顶组草尖段；4.打鼓顶组周家源段；5.石英闪长玢岩；6.实测/推测性质不明断层；7.隐伏断层；8.小型金矿床/小型铅锌金矿床；9.高岭土矿点；10.综合异常点及编号。

Au 异常面积 15.5km², 平均强度为 33.446ug/g, 峰值为 402.1ug/g, NPA 值为 93.31, 具 3 级浓度分带; Pb 异常面积 10.63km², 平均强度为 678ug/g, 峰值为 3260ug/g, NPA 值为 54.36, 具 3 级浓度分带; Zn 异常面积 6.32km², 平均强度为 918.7ug/g, 峰值为 3902ug/g, NPA 值为 31.78, 具 3 级浓度分带; Ag 异常面积 7.8km², 平均强度为 0.591ug/g, 峰值为 1.985ug/g, NPA 值为 18.46, 具 3 级浓度分带; Cd 异常面积 3.69km², 平均强度为 9.888ug/g, 峰值为 51.32ug/g, NPA 值为 23.08, 具 3 级浓度分带; Sb 异常面积 7.36km², 平均强度为 3.359ug/g, 峰值为 6.823ug/g, NPA 值为 12.17, 具 3 级浓度分带; Cu 异常面积 4.34km², 平均强度为 85.26ug/g, 峰值为 356.1ug/g, NPA 值为 10.44, 具 3 级浓度分带; Mn 异常面积 4.45km², 平均强度为 3310ug/g, 峰值为 6222ug/g, NPA 值为 9.79, 具 3 级浓度分带。

虎圩异常区西部剥蚀程度低,北部剥蚀程度较高,南部剥蚀程度中等,中部剥蚀程度较高。地球化学场上, As、Hg、F、Sn、Mo、B、Li、Be、Cr、Mn、Co、Ni、Cu、Zn 表现为高背景; Au、Ag、Zn、Cd、Pb 表现为富集; Au、Ag、Be、Mn、Zn、Cd、W、Pb 表现为强分异; Ag、Mn、Cu、Zn 表现为强叠加, Au、Cd、Pb 表现为极强叠加。

2. 银峰尖异常

银峰尖 HS6-甲$_1$ 异常位于黎圩积幅中北部银峰尖地区,异常面积 12.03km²。该异常形态不规整,与 1∶5 万地磁异常 C-7 重叠。异常以 Au、Ag、Pb、Zn、Cu 等中、中低温元素为主,异常规模大、强度高,组合元素也较多。异常呈现分带现象,中低温元素 Au、Ag 异常规模最大,中温元素 Pb、Zn 次之,中高温元素 Cu、Bi 异常再次之,这与虎圩 HS1-甲$_1$ 异常较为相似(图 3-13)。

Au 异常面积 11.09km², 平均强度为 19.89ug/g, 峰值为 120.3ug/g, NPA 值为 72.74, 具 3 级浓度分带; Ag 异常面积 11.21km², 平均强度为 1.115ug/g, 峰值为 4.034ug/g, NPA 值为 56.66, 具 3 级浓度分带; Pb 异常面积 8.02km², 平均强度为 315.7ug/g, 峰值为 942.7ug/g, NPA 值为 21.82, 具 3 级浓度分带; Zn 异常面积 5.08km², 平均强度为 495.8ug/g, 峰值为 1452ug/g, NPA 值为 10.72, 具 3 级浓度分带; Cu 异常面积 4.48km², 平均强度为 59.14ug/g, 峰值为 130ug/g, NPA 值为 7.76, 具 3 级浓度分带; As 异常面积 3.58km², 平均强度为 37.16ug/g, 峰值为 65.82ug/g, NPA 值为 5.27, 具 2 级浓度分带; Bi 异常面积 2.65km², 平均强度为 1.498ug/g, 峰值为 2.987ug/g, NPA 值为 4.13, 具 2 级浓度分带。

异常区多元素(Au、As、Ag、Mn、Zn、Pb、Bi)在地球化学场上表现为高背景、富集; Au、Ag 表现为强分异、较强叠加。说明 Au、Ag 等元素经历了强烈的后生叠加作用,富集成矿的可能性大。

3. 虎形山异常

虎形山 HS8-甲$_1$ 异常位于黎圩积幅东南部,异常面积 4.21km²。异常形态不规整,异常规模大、强度较高,组合元素较多。异常以 Au、Pb、Zn、Ag 等中温元素为主, Au、Pb、Zn、Ag 异常具 3 级浓度分带(图 3-14)。

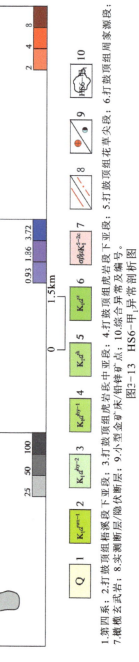

图2-13 HS6-甲₁异常剖析图

1.第四系；2.打鼓顶组梧桐段下亚段；3.打鼓顶组虎岩段下亚段；4.打鼓顶组虎岩段中亚段；5.打鼓顶组虎岩段上亚段；6.打鼓顶组周家源段；7.橄榄玄武岩；8.实测断层/隐伏断层；9.小型金矿床/铅锌矿点；10.综合异常点及编号。

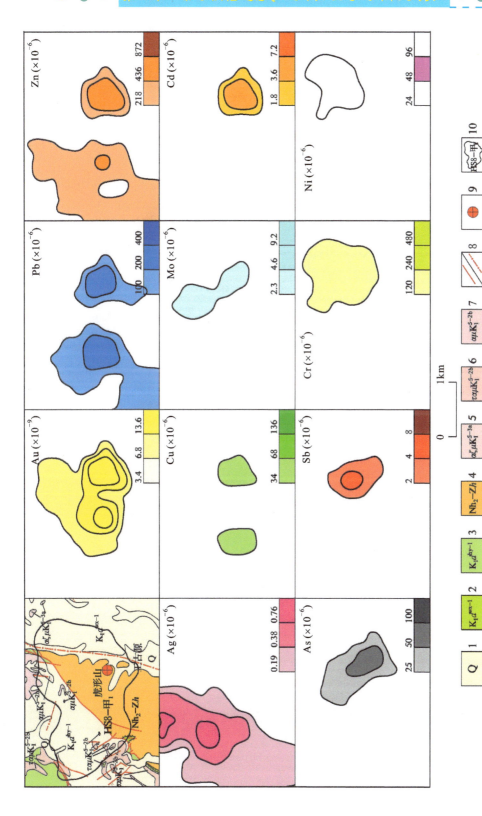

图3-14 HS8-甲₁异常剖析图

1.第四系;2.打鼓顶组梧溪段下亚段;3.打鼓顶组虎岩段下亚段;4.洪山组;5.英安岩;6.富钾粗安玢岩;7.富钾安山玢岩;8.实测断层/隐伏断层;9.小型金矿床;10.综合异常及编号。

Au 异常面积 2.46km², 平均强度为 11.73ug/g, 峰值为 31.5ug/g, NPA 值为 8.15, 具 3 级浓度分带; Ag 异常面积 1.68km², 平均强度为 0.588ug/g, 峰值为 2.001ug/g, NPA 值为 4.83, 具 3 级浓度分带; Pb 异常面积 1.93km², 平均强度为 267.1ug/g, 峰值为 732.9ug/g, NPA 值为 4.57, 具 3 级浓度分带; Zn 异常面积 1.97km², 平均强度为 535ug/g, 峰值为 1177ug/g, NPA 值为 4.46, 具 3 级浓度分带; Cr 异常面积 1.41km², 平均强度为 171.7ug/g, 峰值为 266.7ug/g, NPA 值为 1.88, 具 1 级浓度分带; Cd 异常面积 0.55km², 平均强度为 5.74ug/g, 峰值为 9.727ug/g, NPA 值为 1.35, 具 3 级浓度分带; As 异常面积 1.03km², 平均强度为 38.62ug/g, 峰值为 81.17ug/g, NPA 值为 2.03, 具 3 级浓度分带; Ni 异常面积 0.83km², 平均强度为 36.57ug/g, 峰值为 45.36ug/g, NPA 值为 1.05, 具 1 级浓度分带; Sb 异常面积 0.55km², 平均强度为 4.013ug/g, 峰值为 5.41ug/g, NPA 值为 1.21, 具 2 级浓度分带; Mo 异常面积 0.66km², 平均强度为 3.484ug/g, 峰值为 4.41ug/g, NPA 值为 0.89, 具 1 级浓度分带; Cu 异常面积 0.6km², 平均强度为 56.7ug/g, 峰值为 85.37ug/g, NPA 值为 0.77, 具 1 级浓度分带。

异常区 Au、As、Ag、Mo、Mn、Cu、Zn、Cd、Ba、Pb 表现为高背景、富集; Au、Ag、Cd 表现为强分异; Cd 表现为极强叠加。说明异常区主成矿元素 Au 易富集成矿富集。Cd 为 Zn 的类质同象元素, Cd 强分异说明 Zn 在该地区较易富集成矿。

异常可分为 2 个中心, 西侧异常中心元素组合为 Au、Pb、Zn、Ag、Cu 等, 东侧异常中心元素组合为 Au、Pb、Zn、Cu、Mo、Cd、As、Sb、Cr、Ni 等。西侧异常中心元素组合较少, 主要为中低温、中温元素, 但其异常强度和规模均较大, 位于洪山组与虎岩喷发旋回接触部位, 从异常形态分析, 西侧异常受北东向断裂控制; 东侧异常中心元素组合较多, 低、中、高温元素均有, 异常强度也较高, 但异常规模较西侧小, 位于洪山组与梧溪喷发旋回接触部位, 从异常形态分析, 东侧异常受北北东向及北西向断裂共同控制。

4. 甘坑林场异常

甘坑林场 HS7-乙₂ 异常位于黎圩积幅北东部, 异常面积 6.33km², 异常总体呈不规则状, 异常组合元素多, 以 Pb、Zn、Ag、Cu、W、Mo 等异常为主。异常规模及异常强度中等（图 3-15）。

Pb 异常面积 4.71km², 平均强度为 168.7ug/g, 峰值为 244.8ug/g, NPA 值为 6.43, 具 2 级浓度分带; Ag 异常面积 4.18km², 平均强度为 0.383ug/g, 峰值为 0.893ug/g, NPA 值为 7.15, 具 2 级浓度分带; Zn 异常面积 3.49km², 平均强度为 313.3ug/g, 峰值为 491.6ug/g, NPA 值为 4.53, 具 2 级浓度分带; Cd 异常面积 2.16km², 平均强度为 3.161ug/g, 峰值为 4.207ug/g, NPA 值为 3.67, 具 2 级浓度分带; Mn 异常面积 2.58km², 平均强度为 2055ug/g, 峰值为 3968ug/g, NPA 值为 3.93, 具 2 级浓度分带; W 异常面积 2.34km², 平均强度为 7.118ug/g, 峰值为 11.53ug/g, NPA 值为 2.98, 具 1 级浓度分带; Be 异常面积 0.84km², 平均强度为 8.684ug/g, 峰值为 11.76ug/g, NPA 值为 1.07, 具 1 级浓度分带; Mo 异常面积 0.91km², 平均强度为 3.022ug/g, 峰值为 4.2ug/g, NPA 值为 1.08, 具 1 级浓度分带; Cu 异常面积 0.63km², 平均强度为 52.27ug/g, 峰值为

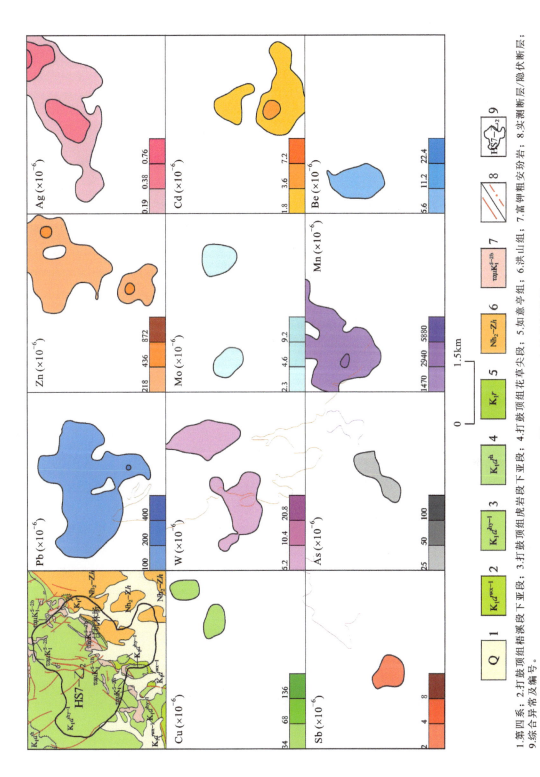

图3-15 HS7-Z₂异常剖析图

83.69ug/g，NPA 值为 1.15，具 2 级浓度分带。

异常区中多元素在地球化学场表现均为高背景，如 Ag、Mo、Mn、Zn、Cd、Ba、W、Pb 等。

异常元素较多，以中温元素 Pb、Zn、Ag 为主，缺失 Au 异常，Sb、As 异常微弱，W、Mo、Mn 等尾晕元素异常有显示。推测该地区剥蚀程度较高，该异常区前缘元素被剥蚀，呈现出以近矿晕元素的异常，尾晕元素异常也开始显现。

三、推断解释

1. 剥蚀程度推断

根据岩体物质组分特征，利用前缘元素 As、Sb 及尾晕元素 W、Mo 间的关系可分析研究区剥蚀程度。因这些元素含量数量级不一致，为使每个元素对绘制剥蚀程度图的贡献相等，将每个点的分析测试值除以其背景值，然后进行累加，再计算前缘元素和尾晕元素的比值，计算公式为（As＋Sb）/（W＋Mo），得出剥蚀深度值。然后用该值绘制地球化学图，叠加成矿元素的异常，据此评价异常区的剥蚀深度和深部找矿潜力。

由剥蚀程度示意图（图 3-16）可知（冷色调剥蚀程度高、暖色调剥蚀程度低），研究区总体呈现东南、北西角剥蚀程度高，中部剥蚀程度较低的特征。研究区内剥蚀程度高的地区有图幅北侧虎圩东侧赛阳关岩体处；图幅东侧甘坑林场东侧、马鞍岭南侧及东侧洪山组变质岩出露区；图幅南侧塘且两侧、合市镇北侧及双塘镇西侧地区。剥蚀程度低的地区分布在图幅西北侧虎圩—竹林塘—牧阳科一带、岗上积地区、图幅东北侧上坊—方家一带、图幅南侧合市乡南侧。

2. 中酸性岩推断

黎圩积幅为火山岩分布区，出露的岩体以中酸性岩为主。本研究采用 W、Sn、Mo 等在中酸性岩浆岩中含量相对较高元素的地球化学图来推测隐伏岩体的位置。隐伏岩体上部，常发育大量的中酸性岩脉，地表的岩脉易形成一些强度不是很高的地球化学异常，在出现高含量的 Sn、W、Mo 等元素的地带，可推断可能存在隐伏中酸性岩体。

将 W、Sn、Mo 标准化后（新数据＝原数据/背景值），用 W＋Sn＋Mo 数据制作地球化学等值线图，以该地球化学等值线图中的高含量区来圈定隐伏岩体的位置，结合建造构造图、地球物理推断结果进行修正。

本研究共推断了 22 处中酸性岩分布区（图 3-17）。

3. 地质构造推断

通过地球化学特征推断解释地质构造，主要是根据元素地球化学场、局部异常特征、空间分布形式及规律，推断地质构造属性。

本研究依据断裂构造中 As、Sb、Au 含量较高的特点，利用 As、Sb、Au 地球化学图，结合 1∶5 万建造构造图来推断断裂构造。将每个点的分析测试值除以其背景值，然后进行累加（As＋Sb＋Au），用得出的值绘制地球化学图，叠加成矿元素的异常，据此推断断裂构造。

本研究共推测出断裂 28 条（图 3-18），其中北北东向 6 条、北东向 4 条、近东西向 4 条、

第三章 黎圩积幅遥感、地球物理与地球化学特征

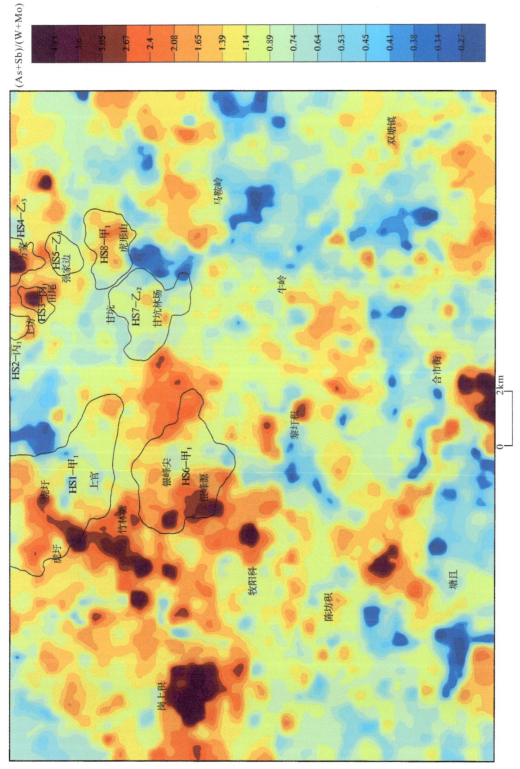

图3-16 剥蚀程度示意图 (As+Sb)/(W+Mo)（江西省地质矿产勘查开发局九一二大队，2020）

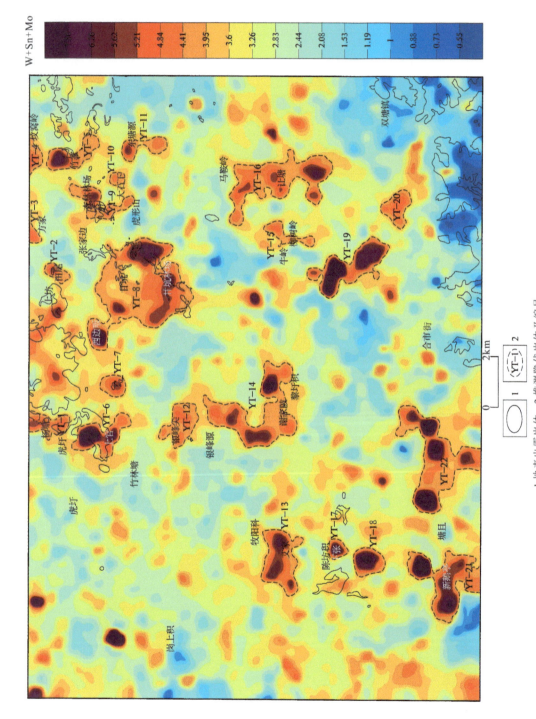

图3-17 中酸性岩岩体推断示意图（W+Sn+Mo）（江西省地质矿产勘查开发局九一二大队，2020）
1.地表出露岩体；2.推测隐伏岩体反编号

第三章 黎圩积幅遥感、地球物理与地球化学特征

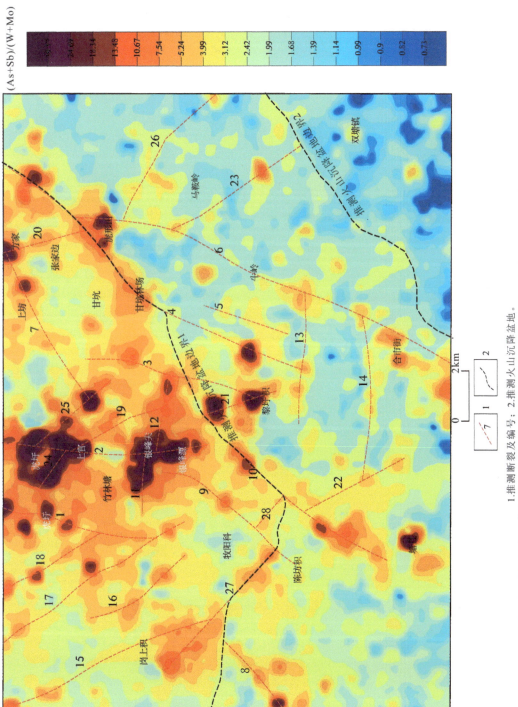

图3-18 剥蚀程度示意图$(As+Sb)/(W+Mo)$（江西省地质矿产勘查开发局九一二大队，2020）

1.推测断裂及编号；2.推测火山沉降盆地。

北北西向9条、北西向5条。其中3号、4号、5号、6号、9号、11号、19号、23号、24号推测断裂与已知断裂的位置大致一致。

  本研究共推测出2处火山沉降盆地边界。火山沉降盆地边界1起于图幅东北角坟窝岭，往西南经横岭下、后畲、会仙岭，至图幅西边界油泗源结束，该边界与虎岩火山旋回边界基本一致。火山沉降盆地边界2起于图幅东南侧谢坊洪家，往西南经龙脉岭、后畲、会仙岭，至图幅南边界珊珂傅家结束，该边界与梧溪火山旋回边界基本一致。

第四章 矿床（点）地质特征

黎圩积幅代表性矿床（点）主要包括虎圩金（铅锌）矿床、上官铅锌矿点、柴古垄铅锌矿点、银峰尖金铅锌矿点、虎形山铅锌金矿点。其中虎圩、上官、柴古垄三处均位于赛阳关岩体南西缘虎圩矿田范围内，且三处矿点毗邻，其矿床地质特征较为一致；虎形山铅锌金矿点位于赛阳关岩体南东侧8km处，矿床产于南华纪变质岩中。本次工作还选取了邻区湖石幅代表性的冷水坑铅锌银矿床进行对比研究。

第一节 虎圩金（铅锌）矿床"三位一体"地质特征

虎圩金（铅锌）矿床位于东乡虎圩矿田中，与柴古垄、上官矿区毗邻（图4-1）。矿区地层主要为白垩纪—侏罗纪火山碎屑岩和第四纪松散堆积物。断裂有北东、北西及北东东向3组。次火山岩为石英闪长玢岩，属赛阳关石英闪长玢岩岩株南西舌状部位，呈北北西向侵入打鼓顶组周家源段地层中。

一、成矿地质体特征

虎圩金（铅锌）矿床是陆相次火山热液型矿床，成矿地质体为赛阳关石英闪长玢岩体。

赛阳关石英闪长玢岩呈三棱形岩株状产出，岩体接触面不平整，呈枝叉状，整体外倾，倾角18°～60°，出露面积为3.5km²。岩体被南东向发育的断裂切成主体部分和向西南舌状伸出部分，后者出露面积约2.5km²。原岩经轻微蚀变，岩体与火山岩接触部位蚀变较强，发育较强的绿泥石化。围岩见较强的硅化、绿泥石化等蚀变。该玢岩体岩相分带不明显，仅与火山岩接触部位岩石变细，呈隐晶质或具霏细结构，斑晶不明显，岩石为灰紫色。内接触带仅0.5～2m，局部见角砾构造，由熔岩角砾组成，与岩体呈过渡关系。

岩石新鲜面呈灰绿色，具有似斑状结构、中细粒结构，块状构造。斑晶主要为斜长石，以及角闪石、黑云母等暗色矿物，后者多绿泥石化，部分斜长石见绢云母化、绿泥石化。斑晶含量一般为15%～35%，粒度在0.5～10mm之间，个别达20～30mm，斜长石斑晶为自形板状，为中性斜长石，含量20%～30%，具环带构造，偶见聚片双晶，内有磷灰石、锆石包体。基质为半自形粒状结构，由斜长石（35%～50%）、黑云母（约15%）、石英（约18%）、钾长石等组成。副矿物有磷灰石、锆石等（图4-2）。

通过对赛阳关石英闪长玢岩、黄铁矿、闪锌矿以及方铅矿铅同位素测试结果投图（图4-3），表明石英闪长玢岩起源于变质基底，岩石由变质地层熔融而成，并有深部物质混染。

在常量元素的综合指数R1-R2图中（图4-4），赛阳关石英闪长玢岩投影在板块碰撞

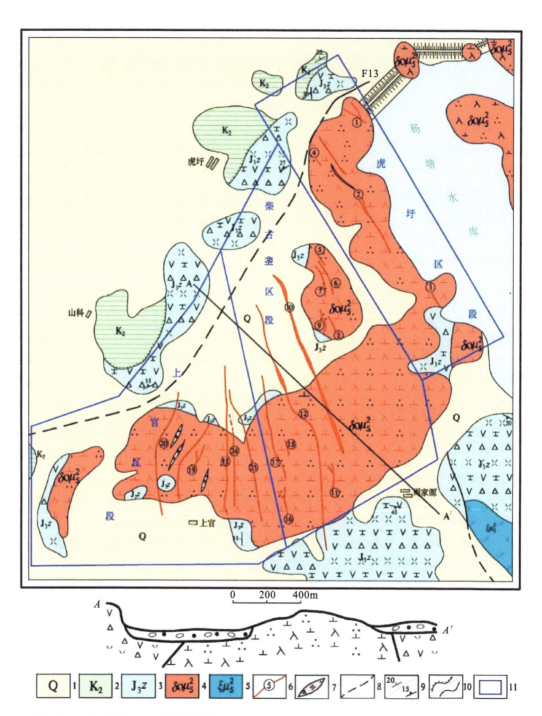

1. 第四系；2. 上白垩统；3. 晚侏罗世周家源组；4. 燕山早期石英闪长玢岩；5. 燕山早期英安玢岩；6. 矿体编号；7. 硅化破碎带；8. 推测断层；9. 地层产状/流纹产状；10. 不整合地质界线/地质界线；11. 矿段范围。

图 4-1　虎圩金多金属矿田地质简图（江西省地质矿产勘查开发局九一二大队，2013a）

第四章 矿床(点)地质特征

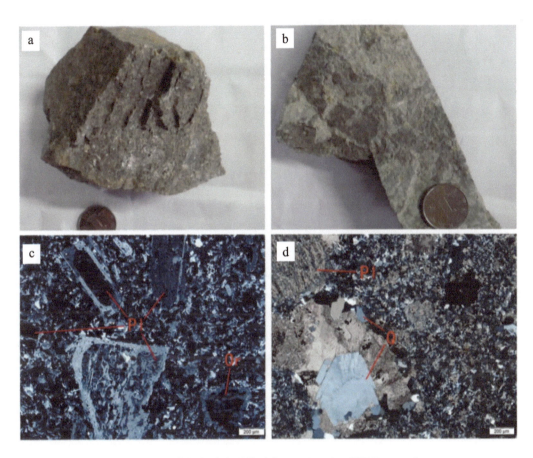

图 4-2 石英闪长玢岩野外照片(a、b)及显微照片(c、d)

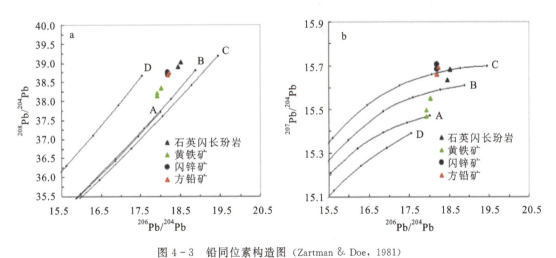

图 4-3 铅同位素构造图(Zartman & Doe, 1981)

后隆起期花岗岩及晚造山期花岗岩区域。图4-5中显示数据整体落在下地壳区域,部分落在下地壳与造山带重叠区域。此外，岩体的地球化学分析结果显示原岩具有深部物质参与，说明本区在燕山晚期处于挤压构造背景向伸展构造背景演化阶段，岩浆物质来源较深。

二、成矿构造与成矿结构面特征

矿床地处扬子地块与华夏地块结合带（钦杭结合带），位于萍乡-广丰深断裂带南侧，并受该构造控制。自晋宁期至燕山期，经历了多期构造运动，加里东期以褶皱作用为特点，形成紧闭褶皱和东西向深断裂构造。燕山早期构造和岩浆活动强烈而导致火山作用，形成多个火山机构，且断裂构造发育。燕山晚期以后构造活动强度减弱而趋于平稳。

区内断裂构造十分发育，大多在火山喷发前就已产生，火山期后再次活动，具多次活动特点。区域性断裂构造包括赛阳关-邓家埠东西

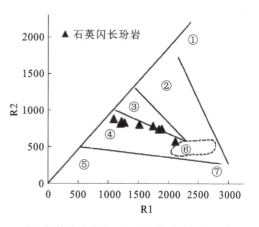

①地幔斜长花岗岩；②破坏性活动板块边缘（板块碰撞前）花岗岩；③板块碰撞后隆起期花岗岩；④晚造山期花岗岩；⑤非造山区A型花岗岩；⑥同碰撞（S型）花岗岩；⑦造山期后A型花岗岩。

图4-4 石英闪长玢岩 R1-R2 构造环境判别图

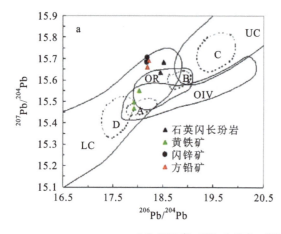
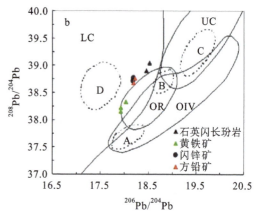

LC. 下地壳；UC. 上地壳；OIV. 洋岛火山岩；OR. 造山带；
A、B、C、D分别为各区域中样品相对集中区。

图4-5 $^{206}Pb/^{204}Pb-^{207}Pb/^{204}Pb$、$^{206}Pb/^{204}Pb-^{208}Pb/^{204}Pb$ 构造环境判别图解

向深断裂与宜黄-宁都断裂。前者属萍乡至广丰深断裂分支，走向近东西向，为东乡火山盆地边缘断裂，该断裂形成时间早，自新元古代后曾多次活动。后者北北东向，贯穿东乡南部矿田，燕山期活动强烈。二者为重要控岩构造，交会于赛阳关岩体附近，为矿田内深部岩浆上侵提供运移通道。次火山岩体呈串珠状分布于该断裂带交会部位附近，如赛阳关火山穹隆、大唐破火山口等部位。虎圩、柴古垄、上官、银峰尖等矿床（点）也产于该断裂带交会

部位附近(周先军等,2019;万乐等,2020)。

区内火山穹窿和破火山口等火山机构控制着矿体空间分布。由于次火山岩体受火山机构控制,因此岩体内部及周围分布的矿床、矿(化)点,在空间上也受火山机构约束,而由火山作用派生的环状、放射状裂隙,同样是重要的成矿结构面。

断裂构造不仅为岩浆提供运移通道和成岩空间,是重要的导矿、容矿构造,同时也存在破矿现象。一方面,发育于岩体和火山岩中的断裂构造,为成矿热液提供重要的运移通道和成矿空间,控制了矿床产出形态、产状及规模;另一方面,成矿后所形成的断裂构造对矿体起错断破坏作用。如虎圩矿田中的矿体,产于北西、北北西向张扭性断裂破碎带中,呈雁行式右行侧列,沿矿体走向和倾向表现出分支复合、膨大缩小、拐弯追踪现象,反映了张扭性断裂构造的形态特征(王光明等,2015;周先军等,2019)。

此外,断裂破碎带对矿化强度的控制也较明显,一般在断裂交会处和分支复合部位,岩石破碎强烈,矿化蚀变增强,常有矿点产出。在同一矿体中也存在上述规律,在破碎带发育部位和分支复合部位,往往矿体增厚,品位变富。

三、成矿作用特征标志

1. 矿体宏观特征

虎圩金(铅锌)矿床的矿体呈脉状,常见分支复合、膨大缩小、拐弯追踪现象。总体呈波状延伸,拐弯处矿体膨大。部分矿体呈透镜状(图4-6)。

矿脉群呈雁行式右行侧列,大致呈等距性分布,沿走向略向北西方向收敛,向南东方向撒开。总体走向北西至北北西,倾向北东至北东东,倾角50°~70°。

矿体规模不一,长者达1750m,短者仅几十米,一般长几百米至千余米。矿体厚度一般1~3m,小者厚仅几十厘米,最大厚度为12.02m。沿矿体走向和倾向厚度变化较大,变化系数为53.40%~96.00%。矿体沿倾向延伸一般200~300m,最大延伸为350m。主要矿体特征见表4-1。

表4-1 虎圩矿田主要矿体形态、产状及规模一览表

矿区名称	矿体编号	矿体形态	矿体规模			矿体产状		矿体平均品位				品位变化系数/%	厚度变化系数/%
			长度/m	厚度/m	延深/m	倾向/(°)	倾角/(°)	Au/(g·t^{-1})	Pb/%	Zn/%	Cu/%		
虎圩	1	呈"X"形	225	1.36	120	40~60	70	7.15				134.80	53.40
	2	脉状	975	1.80	230	60	50~70	5.12	0.77	0.06		63.48	91.18
柴古垄	10	断续脉状	1100	4.43	350	60	79	0.33	2.12	1.14		84.08	60.58
	12	脉状	1750	0.87~1.61	300	60	71		0.58~0.85	1.35~2.89	1.90~3.50	83.30	96.00
上官	18	脉状	750	1.31	260	80	75	0.92	4.10	6.54			
	21	透镜状	70	0.45	未控制	70	70	1.00	0.10				

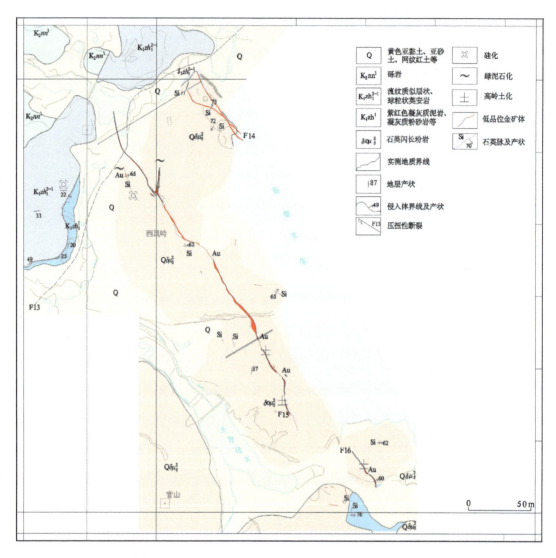

图 4-6 虎圩金（铅锌）矿地质图（江西省地质矿产勘查开发局九一二大队，2020）

通过本次研究，在虎圩矿区坑道中发现，北东向断裂常将矿体错断至矿体走向左侧，且北东向断裂不含矿，推测其应为晚期破矿构造（图 4-7）。近南北—北北东向断裂与北西—北北西向容矿构造构成追踪现象（图 4-8），且均含矿，为重要成矿构造。

2. 矿石结构与构造

1）矿石结构

矿石结构按成因可分为结晶结构、充填结构和交代结构 3 类，其中以结晶结构中的他形粒状结构和充填结构中的裂隙充填结构最为发育。

他形粒状结构：自然金、闪锌矿、黄铜矿、斑铜矿等金属矿物多呈他形粒状结构，晶粒

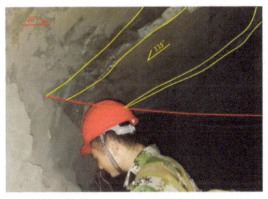 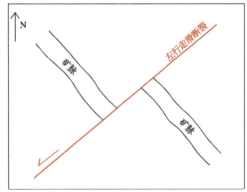

图 4-7　北东向断裂破矿现象（江西省地质矿产勘查开发局九一二大队，2020）

 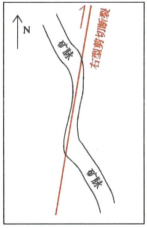

图 4-8　近南北向断裂追踪现象（江西省地质矿产勘查开发局九一二大队，2020）

具弯曲外形，嵌布于石英粒间或呈脉状、网脉状分布（图 4-9）。

自形粒状结构：多见于黄铁矿中，呈立方体或五角十二面体晶形，嵌布于石英粒间。

放射状、鳞片状结构：主要发育于金矿石中，赤铁矿（镜铁矿）呈针状、放射状、鳞片状集合体。

粒间充填结构：主要发育于金矿石中，硫化物矿石中也有发育，自然金呈他形粒状充填于石英粒间，偶见方铅矿呈他形粒状充填于石英粒间，形成粒间充填结构。

裂隙充填结构：自然金、方铅矿、闪锌矿、黄铜矿沿石英裂隙充填或方铅矿沿闪锌矿裂隙充填，呈脉状、细脉状和网脉状分布，形成裂隙充填结构。

交代结构：多见于金属硫化物矿石中，常见斑铜矿交代黄铜矿，方铅矿交代闪锌矿、黄铜矿。

2）矿石构造

以脉状、晶洞构造最为发育，其次为条带状、梳状构造，蜂窝-空洞状构造亦较为常见，

图 4-9 虎圩矿区矿石照片（a、b、c）及坑道内矿体照片（d）

局部见土状、块状、角砾状、浸染状构造等。

脉状构造：自然金、赤铁矿（镜铁矿）和脉石矿物或金属硫化物充填于断裂破碎带和岩石裂隙中，呈脉状产出。按矿脉大小可分为大脉状、小脉状和细脉状构造。上述构造在矿石中都较发育。此外，在大矿脉、小矿脉中常见后期金属硫化物呈细脉、网脉穿插而形成复脉状构造。

晶洞构造：矿石中普遍发育晶洞构造，晶洞大小不一，分布不均，大者可达 8cm×3cm 或更大，呈透镜状、扁豆状、长条状、不规则状等。洞壁常发育石英晶簇，呈梳状排列。

梳状构造：石英晶体垂直裂隙面或晶洞壁呈梳状、犬牙交错状排列。

条带状构造：发育于金矿石中，组成条带状构造的矿物为赤铁矿（镜铁矿）和石英，它们呈条带状相间出现。

蜂窝-空洞状构造：发育于氧化矿石中，金属硫化物被水解流失，残留铁锰质及石英骨架，空洞发育，呈蜂窝状。

土状构造：发育于氧化矿石中，矿石呈土状，质地松散，主要由赤铁矿（镜铁矿）、褐铁矿、铅黑土、自然金和黏土矿物组成。

3. 矿物组成

虎圩矿床中的金属矿物以自然金、赤铁矿（镜铁矿）为主，次为方铅矿、闪锌矿及少量银金矿、黄铁矿。脉石矿物以石英为主。

4. 矿石类型

1）成因类型

矿石按成因可分为原生矿石和表生矿石两类。其中，表生矿石主要分布于矿床浅部，与原生矿石没有明显分界线，未能单独构成矿体；原生矿石按有用组分可分为金矿石、金铅锌铜矿石、铅锌矿石和铜矿石。

2）工业类型

矿石按工业类型可分为大脉型矿石、小脉型矿石和细脉浸染型矿石3类。

大脉型和小脉型矿石：是主要的矿石类型，金属矿物多呈星散状、细脉状、团状集合体分布于石英脉、方解石-石英脉中。金属矿物为自然金、银金矿、金属硫化物、赤铁矿（镜铁矿）等。脉石矿物主要为石英，含少量绿泥石、方解石、绢云母及交代残余的斜长石、钾长石等。

细脉浸染型矿石：矿石内分布网状石英硫化物细脉或方解石、石英、硫化物细脉，局部呈浸染状。金属矿物主要为方铅矿、闪锌矿、黄铜矿和黄铁矿。脉石矿物主要为石英，并含大量斜长石、钾长石、绿泥石，少量方解石、绢云母。

5. 矿物共生组合及成矿阶段

1）矿物共生组合

成矿作用为多期次脉动成矿，成矿时间、空间和矿液化学成分的改变，使矿物共生组合较为复杂。其中金矿石以自然金-铅黑土-硅质和自然金-赤铁矿（镜铁矿）-硅质两种组合类型为主。金属矿石以方铅矿-闪锌矿-方解石-石英、石英-方解石-硫化物和黄铜矿-黄铁矿-石英3种组合类型为主。此外还有黄铁矿-镜铁矿-自然金-石英、方铅矿-闪锌矿-石英、黄铜矿-方解石、方铅矿-闪锌矿-方解石、方铅矿-闪锌矿-重晶石等组合类型。

2）成矿阶段

成矿作用可分为次火山期后中低温热液期和表生期，前者又可分为3个成矿阶段。

(1) 次火山期后中低温热液期。

硅酸盐阶段：矿脉壁发育绿泥石化，并伴随绢云母化和弱硅化。矿物组合为方铅矿-闪锌矿-石英。矿化以脉状和浸染状为主，锌矿化较强。

氧化物阶段：主要形成石英脉、赤铁矿（镜铁矿）、钛铁矿、磁铁矿、自然金、银金矿等矿物，呈不规则脉状及团块状晶出。矿物组合为黄铁矿-赤铁矿（镜铁矿）-自然金-石英。

硫化物阶段：方铅矿、闪锌矿、黄铁矿、黄铜矿、辉铜矿、自然金、银金矿、自然银等矿物都有晶出。矿物组合为方铅矿-闪锌矿-自然金-石英、黄铜矿-黄铁矿-石英。蚀变以硅化为主，次为碳酸盐化。

（2）表生期。

在氧化淋滤作用下，硫化物水解流失，生成铅黑土、褐铁矿、磷氯铅矿、硬锰矿等次生矿物。自然金残留在石英裂隙中，相对富集。矿物组合为自然金-铅黑土-硅质和自然金-赤铁矿（镜铁矿）-硅质。

6. 围岩蚀变

1）蚀变类型

矿区岩石蚀变强，且分布普遍，蚀变类型较多，有硅化、赤铁矿（镜铁矿）化、碳酸盐化、绿泥石化、黄铁矿化、高岭土化、重晶石化、绢云母化等，以硅化、赤铁矿（镜铁矿）化、碳酸盐化和绿泥石化为主，与金多金属矿化关系较为密切。

硅化：为最主要的蚀变类型，主要发育于构造破碎带和裂隙带内，呈脉状分布，与金多金属矿化关系密切，特别与金矿化关系最为密切。矿体形态、产状和矿化强度基本与石英脉的形态、产状及硅化强度相一致。硅化强烈时，石英呈块状，晶洞、晶簇构造发育，脉内可见交代残余的石英闪长玢岩团块和角砾。硅化弱时，可保留原岩外貌。硅化常伴随赤铁矿（镜铁矿）化、绿泥石化、碳酸盐化等蚀变。

赤铁矿（镜铁矿）化：与金矿化关系密切。赤铁矿（镜铁矿）呈针状、束状、放射状、条带状分布于石英脉中，或呈细脉状沿裂隙分布。

碳酸盐化：在方铅矿、闪锌矿细脉中较多见，与铅锌铜矿化关系较为密切。常见方解石呈团块状与石英、硫化物组合成矿脉沿裂隙分布。但在围岩中该蚀变微弱。

绿泥石化：分布普遍，可分为面型和线型两种类型。面型绿泥石化：分布较广，外围蚀变变弱，常见绿泥石交代石英闪长玢岩中的斜长石和暗色矿物斑晶及基质。线型绿泥石化：为主要的近矿围岩蚀变类型，与金矿化也存在联系，蚀变主要发育于石英脉和方解石-石英脉的两侧，特别是在方解石-石英脉旁侧更为发育。常见绿泥石呈脉状、带状沿多金属矿脉两侧对称或不对称分布，有时呈脉状分布于矿体外侧岩石裂隙中。线型绿泥石化常伴随高岭土化和细晶浸染状黄铁矿化。

黄铁矿化：在矿体和围岩中都能见到。在矿体中，黄铁矿常与铅、锌、铜等硫化物密切共生，呈他形粒状、团块状、细脉状分布；在围岩中，黄铁矿化常伴随较强的绿泥石化，黄铁矿多呈五角十二面体和立方体晶形，呈细晶浸染状分布。

高岭土化：常发育于多金属矿体和金矿体旁侧，说明高岭土化与矿化存在联系，其中与铅、锌、铜矿化关系较密切。高岭石交代石英闪长玢岩中的长石，其中交代长石斑晶更为常见，使矿脉两侧形成浅色带。

2）蚀变分带

围岩蚀变与矿化密切相关，不同的矿化伴随不同的围岩蚀变。常见一条几毫米甚至更细的矿脉，由内向外有规律地出现不同的围岩蚀变类型，蚀变宽度大大超过矿脉的厚度。以一条小矿脉而言，大致具如下蚀变分带。

金矿化蚀变分带：硅化-赤铁矿（镜铁矿）化-高岭土化（线型绿泥石化）-面型绿泥石化-原岩（石英闪长玢岩）。

多金属矿化蚀变分带：硅化-碳酸盐化-线型绿泥石化（细晶浸染状黄铁矿化）-高岭土化-面型绿泥石化-原岩（石英闪长玢岩）。

由于多期次成矿作用，各期次矿化所引起的围岩蚀变相互穿插、重叠，分带性常常不太明显。只在部分矿体两侧存在较明显的蚀变分带。

7. 物质成分来源

围岩的含矿性：本区周家源段火山岩以 Au、Pb、Zn 元素丰度高为特征，其中英安岩中 Au 的丰度值为中性岩平均丰度的 4 倍，Pb 元素丰度稍高；花草尖段火山岩以 Pb、Ag 元素丰度高为特征，Cu 元素的丰度值接近中性岩平均丰度；虎岩段火山岩中熔结凝灰岩 Pb、Zn、Ag 丰度高，Cu 丰度偏高；梧溪段火山岩 Pb、Ag 丰度偏高，Zn 丰度低。因此，在火山作用过程中，从早至晚，火山岩 Pb、Zn、Cu 成矿元素丰度呈递减趋势。周家源段、虎岩段火山岩成矿元素丰度较高，与区内矿产的空间分布具有一致性，说明火山岩与金多金属成矿有密切联系。

岩浆岩的含矿性：区内分布的次火山岩主要为石英闪长玢岩、安山玢岩、富钾粗安玢岩、英安玢岩等。其中周家源喷发旋回的石英闪长玢岩含矿性较好，石英闪长玢岩中的 Pb、Zn、Au、Ag 等成矿元素丰度都较高，其中 Pb 元素丰度为中性岩平均丰度的 5 倍以上，Zn 和 Au 元素丰度为中性岩平均丰度的 3 倍多，Ag 元素丰度为中性岩平均丰度的 2 倍多。虎岩喷发旋回（组）富钾粗安玢岩中，Pb 元素丰度较高，为中性岩平均丰度的 3 倍，Cu 元素丰度接近中性岩平均丰度，Zn 元素丰度略低于中性岩平均丰度。梧溪喷发旋回英安玢岩中，Pb 元素丰度稍高，为中性岩平均丰度的 2 倍，Cu 和 Zn 元素丰度低于中性岩平均丰度的一半。上述数据表明，从周家源至梧溪喷发旋回，次火山岩中成矿元素丰度依次明显降低，次火山岩中成矿元素丰度与次火山岩的含矿性是一致的，即成矿元素丰度高的次火山岩所见矿化强（周先军等，2019）。

8. 成矿流体特征

流体包裹体显微测温研究表明，本区成矿流体温度可以大致划分出 3 个区间：290～310℃，无矿黄铁矿石英组合；240～260℃和190～230℃，硫化物石英组合；150℃上下，可能是次生石英组合。硫化物主要富集于 200℃上下的中低温热液阶段。

流体包裹体盐度和密度变化具有一定的规律，盐度与成矿温度具有一定的正相关性，而密度与温度呈负相关性。沿微裂隙呈串状或线状分布的流体包裹体，其盐度和温度低于呈群状分布的流体包裹体，说明至少存在 2 个成矿阶段，微裂隙中的流体包裹体为晚阶段产物，群状分布的包裹体为早阶段产物，且早阶段流体盐度高于晚阶段。造成这种现象的原因可能是随着成矿作用的发生、成矿物质的不断沉淀，流体的盐度不断降低。同时，在成矿过程中，低盐度大气降水的渗入也可使成矿流体的盐度不断降低（张春茂，2013）。

9. 成矿时代

东乡南部地区中侏罗世—早白垩世伴随强烈的中酸性岩浆侵入和陆相火山喷发活动，中侏罗世—早白垩世是区域大规模成矿期。区内大多数金多金属矿床富集成矿时代为中侏罗世—早白垩世，并集中出现在 160～100Ma（罗平，2010）。其中，虎圩金（铅锌）矿床的成矿母岩赛阳关石英闪长玢岩体形成于 130Ma 左右（图 4-10），为早白垩世时期。

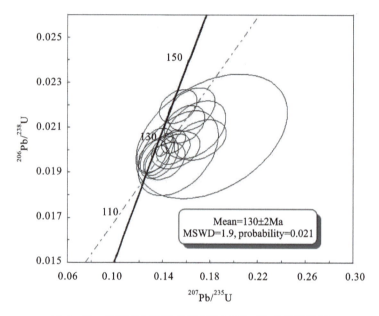

图 4-10　赛阳关石英闪长玢岩锆石 U-Pb 年龄谐和图

四、矿化富集规律及找矿标志

1. 矿化富集规律

1）主成矿元素的空间分布规律

虎圩矿床浅部以金矿化为主，往深部金矿化逐渐减弱，品位变贫，铅、锌、铜矿化增强。在平面上，金矿化由北东向南西逐渐减弱，中部铅、锌、铜矿化较强，南西部上述各种矿化明显减弱。矿田北东部主要为金矿体，铅、锌、铜矿化较弱，但深部有增强趋势，局部达到工业要求。中部地表为金矿体，往深部金矿化减弱，铅、锌、铜矿化增强，深部主要为多金属矿体。南西部局部可构成工业矿体，但品位较贫且规模小。矿体南东端沿倾向延伸不大，产出于地表和浅部，而且品位较贫。北西端矿体沿倾向延伸较大，且品位较富，矿体向南东仰起，向北西侧伏，矿化中心位于北西端（王光明，2016）。

2）各成矿元素之间及其与矿体厚度的关系

从矿石矿物的共生组合来看，方铅矿、闪锌矿、黄铜矿密切共生，自然金有时与方铅矿、闪锌矿共生，但并不十分密切。前人利用 10 号矿体地表样品的品位数据进行了聚类分析，一次形成法聚类分析结果（表4-2），逐步形成法聚类分析结果（表4-3）。结果表明，Pb与Ag、Zn与Cu的关系较为密切，相关系数分别为0.466 1和0.423 7。Au与Ag的关系较密切，与Cu、Pb、Zn的相关性差。

表4-2 相关系数矩阵

成矿元素	Au	Ag	Pb	Zn	Cu	H（矿体厚度）
Au	1					
Ag	0.186 1	1				
Pb	0.023 8	0.466 1	1			
Zn	0.121 2	−0.319 4	10.273 4	1		
Cu	0.013 1	0.013 5	0.056 8	0.423 7	1	
H（矿体厚度）	0.257 0	−0.058 6	0.075 4	0.309 7	0.327 2	1

表4-3 逐步聚类分析相关系数

聚类连接		相关系数
Pb	Ag	0.466 1
Cu	Zn	0.423 7
Cu、Zn	Pb、Ag	0.421 8
H（矿体厚度）	Pb、Zn、Cu、Ag	0.301 7
Au	Pb、Zn、Cu、Ag、Hg	0.126 2

矿体厚度与成矿元素含量总体呈正相关关系。其中矿体厚度与Cu、Pb、Zn、Ag元素含量表现出一定的相关性，相关系数为0.301 7。聚类分析结果与实际相符。

3）风化淋滤作用对金富集的影响

矿区地表和浅部以金矿化为主。金的富集与风化淋滤作用有一定关系。由于长期的风化淋滤作用，硫化物、钙质等被水解流失，保留硅质骨架，残留铁锰质，生成次生矿物如褐铁矿、镜铁矿、铅黑土、磷氯铅矿等。矿石呈空洞状、蜂窝状、土状。自然金、银矿物残留在矿石的空洞和裂隙中，进一步得到富集，因而形成金品位上富下贫的分布规律。

矿体风化深度不一，一般出露地表部分氧化较强，其深度可达几十米。如2号矿体＋22m标高的穿脉中，风化仍然较强，部分矿体围岩风化成土状，方铅矿多已被风化，形成次生铅黑土。部分钻孔（如ZK1102）在−60m标高处还见有风化现象，风化深度达150余米。矿体隐伏部分受到盖层保护，风化不强，如10号和12号矿体北北西端。氧化矿石和原生矿石相互参差，呈渐变关系。

2．找矿标志

1）地质环境标志

寻找同类矿床的地质环境应是中生代火山岩分布区，有石英闪长玢岩体出露，围岩为早白垩世打鼓顶组周家源段喷发旋回，北西及北北西向张扭性断裂构造发育。尤其是在岩体的突出部位对成矿较为有利。

2）蚀变标志

面型绿泥石化是一种远矿围岩蚀变，可以指示矿化分布范围。硅化、赤铁矿（镜铁矿）化、线型绿泥石化、碳酸盐化等为近矿围岩蚀变，可根据这些蚀变类型及蚀变强度去寻找矿化露头。

3）物化探异常标志

矿区内有铅、锌、铜土壤地球化学异常和自然金重砂异常分布。化探异常浓集中心明显，各元素异常相互重叠性较好，异常丰度：铅 $1\times10^{-4}\sim5\times10^{-4}$，最高 1×10^{-3}，锌 $1\times10^{-4}\sim4\times10^{-4}$，铜 $4\times10^{-5}\sim6\times10^{-5}$。重砂异常主要矿物为自然金，伴有辰砂、雄黄、方铅矿等矿物。

第二节 冷水坑铅锌银矿床"三位一体"地质特征

冷水坑矿区出露地层有南华纪—寒武纪变质岩、下石炭统（C_1）碎屑岩及早白垩世陆相火山岩。火山岩地层组成整体走向北东、向南缓倾的单斜构造。断裂以北东向和北西向为主。北东向断裂以 F1、F2 规模最大。F1 为区域性湖石断裂的中段，为逆断层，控制了本区火山—次火山岩的空间展布。组成该断裂推覆系统的地层为南华纪—震旦纪变质岩和下石炭统碎屑岩，向南东逆冲于早白垩世火山岩之上。F2 为控岩控矿构造，由推覆作用形成的一系列叠瓦式羽状断裂直接控制了花岗斑岩体的侧列式产出，同时为含矿流体上升沉淀提供了有利通道（黄振强，1993）。燕山中期岩浆活动最为强烈，主要形成浅成—超浅成的侵入体，岩性主要有花岗斑岩及石英正长斑岩，与矿化关系密切的是花岗斑岩，称之为含矿斑岩，分布于矿区的中部（左力艳，2008；何细荣等，2010；张垚垚等，2010；张垚垚，2012；周显荣等，2011；王长明等，2011；黄水保等，2012；张春茂，2013；李青，2016）（图4-11）。

一、成矿地质体特征

冷水坑含矿斑岩体分布于矿区中部，主要为碱长花岗斑岩，侵入早白垩世火山岩地层中，地表出露面积约 $0.36 km^2$。中间由一直径 350～500m、厚数十米的近等轴形帽状侏罗纪火山岩覆盖，使得岩体呈北西向开口的马蹄形。岩体总体走向北东，倾向北西。近地表或浅部岩体倾角较缓，有的地段近似水平状，深部产状变陡，在空间上为一上部平缓下部陡立、向西北倾斜、向下收缩尖灭的蘑菇状岩株。冷水坑含矿斑岩岩体为浅成—超浅成相，岩石相带单一（左力艳等，2010）。

二、成矿构造与成矿结构面特征

区域性深大断裂不仅制约了火山断陷盆地的形成，而且对含矿岩体的就位起到根本性的控制作用。矿区构造对成矿流体起着分配、容纳作用，控制了成矿流体的演化以及成矿作用过程（罗泽雄等，2011，2012）。

第四章 矿床(点)地质特征

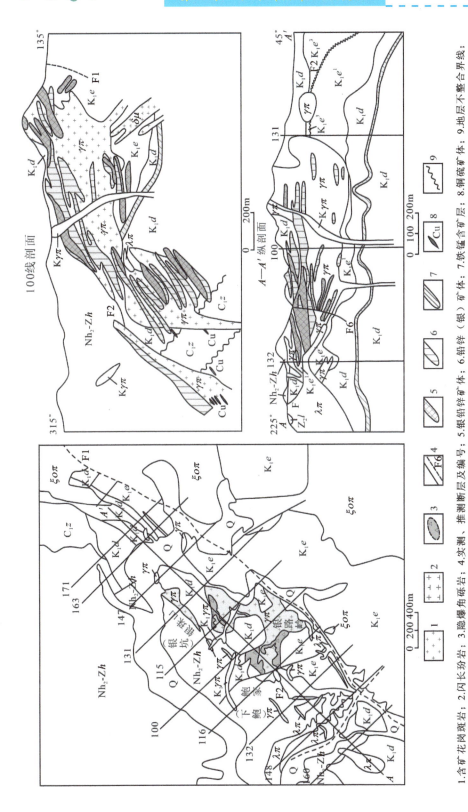

图4-11 冷水坑矿区地质图（江西省地质矿产勘查开发局九一二大队，2010）

1.含矿花岗斑岩；2.闪长玢岩；3.隐爆角砾岩；4.实测、推测断层及编号；5.银铅锌矿体；6.铅锌（银）矿体；7.铁锰含矿层；8.铜硫矿体；9.地层不整合界线；Q.第四系；K_1e.早白垩世鹅湖岭组；K_1d.早白垩世打鼓顶组；C_1z.早石炭世梓山组；Nh_2-Zh.南华纪—震旦纪洪山组变质岩；$K\gamma\pi$.钾长花岗斑岩；$\xi o\pi$.石英正长斑岩。

矿区内F1位于北东向区域断裂带与北西向断裂带的复合交接部位，控制了矿床定位。F2推覆构造直接控制了岩体空间形态以及矿床的产出。推覆体中封闭性较好的变质岩系对矿床的形成起屏蔽作用。

冷水坑矿床重要成矿结构面为分布于次火山岩体顶部接触带内外的裂隙与爆破角砾岩。含矿斑岩体接触带断裂及裂隙密集发育，通常为矿化富集带。火山岩铁锰含矿层因其内部岩性差异较大，易于形成层间破碎带，为含矿热液提供了充填交代的良好场所，为层控叠生型矿体提供了赋存空间。隐爆角砾岩相岩石的原生裂隙与次生裂隙发育，对蚀变矿化很有利，隐爆角砾岩带不仅为成矿热液运移提供通道，也是重要的容矿场所（黄振强，1993；左力艳，2008；罗泽雄等，2011，2012；张春茂，2013）。

根据矿体类型，成矿构造与成矿结构面表现为如下几个方面：一是F2推覆构造之上的南华纪变质岩是花岗斑岩体上接触带围岩，对含矿火山热液起屏蔽作用，导致厚大工业矿体形成于接触带的内带；二是花岗斑岩经历了自变质的绢云母化，导致斑晶易被金属硫化物交代成矿，而且岩体因隐爆或冷却产生裂隙，易被后期热液充填成矿；三是火山岩中所夹的菱铁锰矿岩层中形成了层间断裂破碎带，加之其化学性质活泼，有利于后期热液充填交代而形成层状矿体。

三、成矿作用特征标志

1. 矿体特征

冷水坑矿区的银铅锌矿体主要以3种形式产出，即斑岩型矿体、层状矿体和脉状矿体，以前两种类型为主。斑岩型矿体，其成矿作用属陆壳重熔花岗岩类火山期后中温热液成矿；层状矿体，其成矿作用属内陆火山湖盆相沉积-火山（岩浆）热液叠加改造复合成矿（罗泽雄等，2012；黄水保等，2012）；脉状矿体主要是岩浆期后含矿热液沿近东西向断裂破碎带充填成矿。3类矿床在矿区表现出较为紧密的空间关系，同时在赋存部位、矿化特点、矿体形态规模、矿石组构、矿化元素组合及成矿方式等方面各有其独特之处（张春茂，2013；龚雪婧，2017）。

斑岩型矿体随冷水坑银路岭赋矿斑岩体产出，在平面上大致呈北东向带状分布（罗泽雄等，2011，2012），剖面上与花岗斑岩产状一致。矿体多呈透镜状产于花岗斑岩前缘带、主体带及接触带附近，部分产于岩体近根部带及外带火山岩中。矿体走向总体北东，倾向北西，倾角浅部至中浅部为10°～30°，中深部为35°～50°。斑岩型矿体按矿石有用组分可分为银铅锌矿体、铅锌矿体、金矿体等，以银铅锌矿体、铅锌矿体为主，金矿体分布零散。银铅锌矿体多与铅锌矿体相伴产出（王长明等，2011；罗泽雄等，2011，2012；张垚垚，2012；徐贻赣等，2013；龚雪婧，2017）。

层状银铅锌矿体主要赋存在晚侏罗世晶屑凝灰岩所夹的铁锰碳酸盐岩、白云质灰岩、硅质岩等组成的层间破碎带内。赋矿地层为晚侏罗世打鼓顶组下段上部与鹅湖岭组下段。晶屑凝灰岩、角砾凝灰岩、石英正长质凝灰岩为矿体的顶底板，矿体与围岩界线较清楚。矿体内有少量围岩角砾，角砾成分主要为晶屑凝灰岩、石英正长质凝灰岩、铁锰碳酸盐岩及白云质灰岩等（承斯，2011；黄水保等，2012）。矿体主要呈层状、似层状、透镜状产于顺层破碎带内。矿体的形态、产状严格受层间破碎带控制，矿体产状与火山岩产状一致，总体走向北东（或北东东），倾向南东，局部倾向北西（左力艳，2008；王长明等，2011；黄水保等，2012；龚雪婧，2017）。矿体产状比斑岩型矿体稳定，形态也相对较简单。

脉状矿体以富含金并伴有银铅锌为特点。古代最早开采的该类型矿体位于银路岭-银珠山100-123线之间的地表及近地表，主要受一组近东西向断裂破碎带或裂隙带控制，亦有少量北东向及北西向断裂控矿。已发现走向近东西、平均含金量大于0.1g/t的破碎带7条，其中4号含金破碎带规模较大，该带地表断续长约1200m，总体走向近东西向，倾向南或北，倾角达70°～80°。矿化破碎带切穿了花岗斑岩、火山岩地层，主要发育在花岗斑岩中。破碎带中，东、西两段金矿化较好，矿体长几十米至百余米，水平厚0.4～4.75m，平均厚1.93m，向深部呈尖灭再现的小透镜体产出。

2. 矿物及蚀变带特征

矿石结构主要有结晶结构、交代结构、固溶体分离结构、受压结构和火山沉积－变质结构等类型，其中结晶结构、交代结构、固溶体分离结构是斑岩型矿石最主要的结构类型。矿石构造主要有浸染状构造、细脉浸染状构造、块状构造、角砾状构造及脉状构造等（图4-12），其次为条带状构造、网脉状构造、团块状构造等（左力艳，2008；孟祥金等，2009；黄水保等，2012；张春茂，2013）。

区内矿石中已查明的矿物类型有40余种，金属矿物主要是银矿物、金矿物、硫化矿物和氧化矿物，脉石矿物主要是石英、硅酸盐矿物、碳酸盐矿物（孟祥金等，2009；何细荣等，2010）。

围岩蚀变类型较多，主要为绢云母化、绿泥石化、碳酸盐化、硅化和黄铁矿化，见少量泥化、赤铁矿化、褐铁矿化。冷水坑矿区的矿化蚀变特征与典型的斑岩型铜（钼）矿床不同，明显缺少斑岩铜（钼）矿床早期蚀变的钾交代作用（黑云母化与钾长石化）。从蚀变矿物组合及空间分布来看，矿化蚀变仍然具有一定的分带性（孟祥金等，2009；张垚垚等，2010；罗泽雄等，2011，2012；王俊明，2012；龚雪婧，2017）。

区内蚀变分带主要受银路岭花岗斑岩体及其接触带控制，以银路岭花岗斑岩体为中心，蚀变类型和蚀变强度出现规律性变化：绿泥石化普遍发育，以岩体内带最强，向外逐渐减弱；绢云母化在岩体内较为发育，在接触带最强，接触带两侧逐渐减弱；碳酸盐化在岩体内带和外带较强，而接触带相对较弱。综合蚀变矿物组合及蚀变强度分布规律，由岩体内向外蚀变可以分为3个带：绿泥石化-绢云母化带、绢云母化-碳酸盐化-硅化-黄铁矿化带和碳酸盐化-绢云母化带（左力艳，2008；孟祥金等，2009）（图4-13）。

绿泥石化-绢云母化带发育于岩体内。蚀变带最大厚度300～350m，主要发育于-200m标高以上。蚀变程度中等—较强。在平面上呈不规则椭圆状，在剖面上呈透镜状，部分出露地表。在带中黄铁矿化较发育。蚀变矿物组合类型：绿泥石-绢云母-石英-黄铁矿，铁锰碳酸盐矿物-绿泥石-绢云母，局部见泥化-绢云母-黄铁矿。

绢云母化-碳酸盐化-硅化-黄铁矿化带大致围绕绿泥石化-绢云母化带分布，主要发育在岩体上接触带及近根部带，蚀变范围较广。在平面上呈半环状，在剖面上表现为上厚（约200m）、下薄（约50m）的特点。蚀变程度比绿泥石化-绢云母化带强，大多已全岩蚀变。

a. 黄铁矿交代石英斑晶，LSK-29；b. 固溶体分离结构，闪锌矿内方铅矿、黄铜矿，ZK13001-13；c. 鲕状结构磁铁矿，130N-1；d. 鲍家银矿150m中段120线浸染状矿石，LSK-77；e. 银珠山115线坑道铅锌矿脉；f. 块状矿石，ZK13001；g、h. 银珠山古采洞口角砾状矿石。

图4-12 矿石结构构造

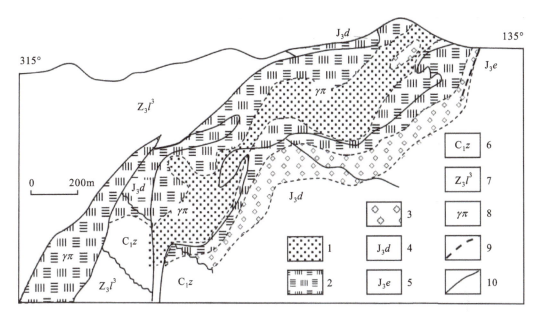

1. 绿泥石化-绢云母化带；2. 绢云母化-碳酸盐化-硅化-黄铁矿化带；3. 碳酸盐化-绢云母化带；4. 晚侏罗世打鼓顶组；5. 晚侏罗世鹅湖岭组；6. 石炭纪梓山组；7. 晚震旦世老虎塘组上段；8. 含矿斑岩；9. 推测断层；10. 岩性界线。

图4-13 冷水坑100勘探线蚀变分带示意图（江西省地质矿产勘查开发局九一二大队，2010）

黄铁矿化在该带中最为发育。主要矿物组合为绢云母-铁锰碳酸盐矿物-石英-黄铁矿、绢云母-石英-黄铁矿及少量绢云母-绿泥石-石英。

碳酸盐化-绢云母化带位于岩体外围火山碎屑岩中，在岩体的下接触外带较发育，上外带仅局部分布。该带厚50~150m，局部达300m，在岩体内仅20~30m，蚀变程度较强。在该带中叠加有中等—弱程度的黄铁矿化。蚀变矿物组合为铁锰碳酸盐矿物-绢云母-石英。上述蚀变分带并不具有明显的界线，通常各带呈渐变过渡关系。冷水坑矿床的面型蚀变类型及其分布规律说明，含矿斑岩形成于较开放的环境，由深部岩浆房分离出来的挥发相物质在斑岩顶部没有形成大规模的聚集，由此形成的流体温度下降迅速，未与斑岩和围岩发生充分的反应。矿床大量发育与矿化密切相关的"氢交代"蚀变以及大量碳酸盐化蚀变，表明矿化主要发生在中温阶段。

3. 成矿元素成分标志特征

银的赋存状态：矿石中银主要以银的独立矿物存在，并以硫化银为主，自然银次之。极少量以Ag-S-Sn（Sb）复盐类矿物及银金矿或金银矿形式存在。银的主要矿物为螺状硫银矿、自然银，主要以晶隙银、裂隙银、包体银、连生银、分散银的形式分布在脉石的裂隙和孔洞中，一部分分布于硫化物中，有少部分呈粒状、星点状分散在脉石矿物中。矿物颗粒普遍细小，一般为0.020~0.104mm，沿裂隙、孔洞充填的矿物颗粒较粗。银金矿、金银矿主要分布在黄铁矿、毒砂和闪锌矿中，极少量分散在脉石矿物中。银的复盐类矿物主要分布于方铅矿中，粒度非常微小（李青，2016）。

铅的赋存状态：主要以方铅矿的形式存在，方铅矿结晶致密，结构简单，绝大部分粒度适中，有少量方铅矿常与闪锌矿相互穿插混杂，或直接包裹于闪锌矿中，另有极少量方铅矿以微细星点状分散在脉石中。

锌的赋存状态：锌以闪锌矿形式存在，粒度较粗，但内部结构非常复杂，不仅铁离子含量高，而且包含多种细粒矿物的复合相。闪锌矿颗粒中普遍存在呈固溶体分离状态的磁黄铁矿、黄铜矿，以及细粒状的方铅矿、黄铁矿和脉石矿物。

4. 成矿物质来源

流体氢氧同位素组成：前人对不同成矿期各个阶段的不同矿物进行了流体包裹体氢氧同位素分析。从测试结果看，不同矿物的氧同位素组成差别较大，且同一矿物在不同成矿阶段其氧同位素组成也具有很大的差异。流体氢氧同位素组成特点说明，层状矿体与斑岩矿体一样，其成矿流体源自深部岩浆。同时，层状矿体的铁锰碳酸盐及石英中流体包裹体的氢氧同位素组成显示，成矿流体不同程度地向大气水偏移，说明在火山热液充填成矿过程中，有大气水参与成矿作用，与斑岩岩浆热液成矿的各个成矿阶段有大气水参与的情况基本相同。同时，从黄铁矿、闪锌矿中流体包裹体的氢氧同位素组成看，大气水在成矿过程中发挥着重要作用（左力艳，2008；孙建东，2012）。

碳氧同位素组成：对层状矿体中铁锰碳酸盐矿物、白云质灰岩及外围晚石炭世黄龙组白云质灰岩、灰岩进行了碳氧同位素分析，认为冷水坑矿区碳酸盐矿物的碳氧同位素组成位于淡水碳酸盐与深部来源岩石之间，与外围地层纯灰岩截然不同，表明矿区碳酸盐的碳、氧主要来自岩浆。同时，层状矿体赋存的构造带内大量存在白云质灰岩角砾，其大部分碳氧同位素组成范围与铁锰碳酸盐矿物相当，与海相盐酸盐地层相差甚远，个别落在淡水相成因区，可能暗示它形成于陆相环境，后期受到火山（岩浆）热液改造（左力艳，2008；黄水保等，2012；张垚垚，2012；肖茂章等，2014）。

硫同位素组成及其来源：将层状矿体与斑岩型矿体中金属硫化物的硫同位素组成进行对比（图 4-14），可以看出，除下鲍矿区闪锌矿具有略高的 $\delta^{34}S$ 值外，其他硫同位素值大致相同，说明硫源大致相同（黄水保等，2012）。已有资料表明，超镁铁质岩 $\delta^{34}S$ 的平均值为 +1.2‰，

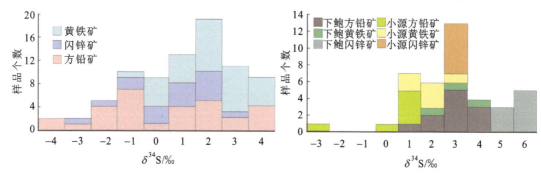

左图为冷水坑斑岩型矿体，右图为下鲍和小源矿区（孟祥金等，2009）。

图 4-14 硫同位素分布直方图

基性岩 $\delta^{34}S$ 值为 +2.7‰，石陨石的 $\delta^{34}S$ 值变化于 +2.6‰～-5.6‰ 之间。由此看来，无论是斑岩型矿体还是层状矿体，其成矿流体中硫的来源具有一致性，即火山—斑岩岩浆体系，地层硫则不同程度加入成矿流体中。层状矿化是整个火山—斑岩成矿系统的一部分。这种岩浆硫比深部地幔硫（$\delta^{34}S \approx 0$‰）稍富重同位素 ^{34}S，可能反映了含矿岩浆是地壳物质重熔的产物（左力艳，2008；王长明等，2011；黄水保等，2012；张垚垚，2012）。

铅同位素组成及其来源：如图 4-15 所示，大部分铅同位素数据落在下地壳分布区内，变化范围较大，说明铅具有多源性或演化过程中有混染作用发生。矿石铅与含矿的花岗斑岩一样，应主要来源于下地壳，同时有部分铅可能来自深部地幔。层状矿体矿石铅单阶段模式年龄非常集中，且明显老于含矿斑岩形成年龄及矿化年龄，说明矿石铅来源于较古老的源区，应来源于重熔老地层。层状矿体铅同位素参数变化范围不大，表示其矿石铅主要来源于下地壳（左力艳，2008；王长明等，2011；黄水保等，2012；张垚垚，2012；龚雪婧，2017）。

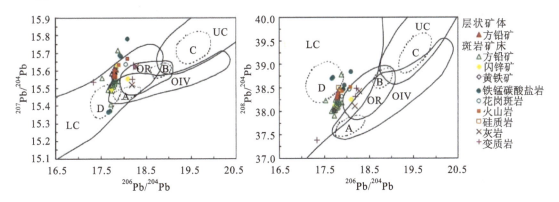

LC. 下地壳；UC. 上地壳；OIV. 洋岛火山岩；OR. 造山带；
A、B、C、D 分别为各区域中样品相对集中区。

图 4-15 冷水坑矿田层状矿体矿石 $^{206}Pb/^{204}Pb$-$^{207}Pb/^{204}Pb$ 和 $^{206}Pb/^{204}Pb$-$^{208}Pb/^{204}Pb$ 图
(Zartman & Doe, 1981)

5. 成矿时代

前人研究获得了赋矿火山岩形成时间，并确证了含矿斑岩活动时间。通过锆石 SHRIMP U-Pb 同位素测年（图 4-16），获得晶屑凝灰岩年龄为 157.2±1.5～158.2±1.8Ma，花岗斑岩年龄为 157.6±1.3Ma～157.8±1.6Ma，两者年龄基本一致。

根据野外地质现象，含矿花岗斑岩侵入于侏罗纪火山岩中，流纹斑岩、钾长（正长）花岗斑岩、石英正长斑岩等岩脉又切穿了含矿花岗斑岩。冷水坑矿化作用时间应在花岗斑岩侵入之后，同时又早于后期侵入的岩脉。考虑到测试方法的局限性，这里采用所获得的各脉岩年龄的上限，其中钾长花岗斑岩为 128.4Ma，流纹斑岩为 129.5Ma，石英正长斑岩为 125.5Ma，即矿化结束时间应在 130Ma 以前。绢云母 K-Ar 年龄在 138～121Ma 之间，花岗斑岩 K-Ar 年龄为 113～117Ma，Rb-Sr 等时线年龄为 131～159.2Ma。这些小于 130Ma 的年龄不能代表矿化或成岩时间。钾长石 K-Ar 年龄 136.5Ma 和绢云母 K-Ar 年龄 138Ma

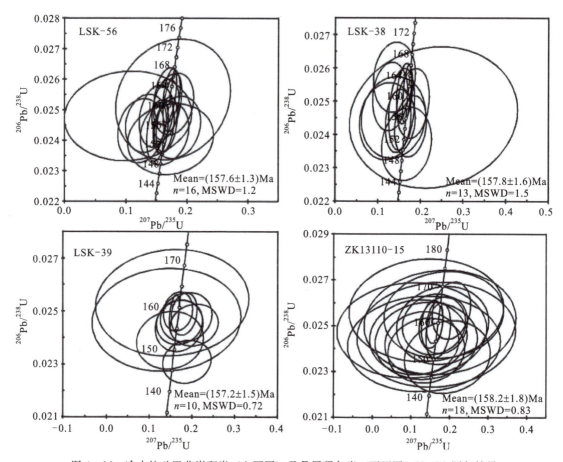

图 4-16 冷水坑矿田花岗斑岩（上两图）及晶屑凝灰岩（下两图）U-Pb 测年结果

及其 Ar-Ar 年龄 163Ma 是矿田成矿流体活动的时间印记。由此推断，冷水坑矿田成矿流体活动在 163～135Ma 之间，持续时间约 28Ma。通常，相对于成矿流体活动时间而言，矿化作用持续的时间要短。因此，可以推测冷水坑矿田成矿作用持续时限应在 28Ma 以内（左力艳，2008）。冷水坑的矿化时间与火山岩及含矿斑岩活动时间一致，表明冷水坑成岩成矿作用发生于中国东部燕山中期陆内环境（王长明等，2011）。

四、找矿标志

1. 地质环境标志

晚侏罗世鹅湖岭组、打鼓顶组火山岩是银铅锌矿的直接围岩。该套火山岩地层由晶屑凝灰岩、集块岩、角砾岩等组成，岩相变化大，导致不同层段具有明显不同的岩石孔隙度、渗透率，为流体运移和交代提供了空间。它所夹的铁、锰矿含矿层位直接控制了层控叠生型铁锰-银铅锌矿体的产出。

与成矿关系密切的花岗斑岩沿 F2 推覆构造上侵，是由壳源重熔岩浆演化而成的超浅成相被动侵位岩体。斑岩型矿体的形态、产状明显受花岗斑岩控制。

2. 蚀变标志

面型绿泥石化是一种远矿围岩蚀变，可以指示矿化分布范围。绢云母化、碳酸盐化等为近矿围岩蚀变，可根据这些蚀变类型及蚀变强度去寻找矿化露头。

3. 物化探标志

地球化学标志：包括分散流及岩石原生晕异常，主要指示元素为Ag、Pb、Zn，次要指示元素为Cd、Sn、As、Cu、Mo、Mn等。近程指示元素为Mn、As，中远程指示元素为Mo、Sn、W。

地球物理标志：在含矿地段的地表多出现低缓正磁异常，剖面上大功率激电测深发现有低阻高极化异常体。这两种物探异常可作为地球物理找矿标志。

第三节 黎圩积幅其他矿床（点）地质特征

一、柴古垄铅锌矿点

该矿点与虎圩金（铅锌）矿毗邻，属于虎圩矿田的一部分，地质特征不再赘述。

1. 矿体特征

柴古垄矿区上部以金矿为主，伴生Ag、Co、Cd、Pb、Zn元素；下部以Pb为主，共生Zn、Cu，伴生Au、Ag、S、Co、Cd等元素。该矿点属次火山期后中、低温热液脉状矿床。

该矿点主要由10号、12号铅锌金矿体和5～9号、11号、15～17号次要金矿体组成。赋矿围岩为燕山中期石英闪长玢岩和早白垩世打鼓顶组周家源段凝灰质粉砂岩、凝灰质砂岩等。10号、12号矿体南侧出露地表，北侧被第四系覆盖，为半隐伏矿体。矿体自南东向北西倾伏，属于虎圩矿田的一部分，并处于矿田的中部。

矿体的展布与石英闪长玢岩体关系十分密切，呈脉状产于赛阳关岩体南西边缘突出部位，以及早白垩世打鼓顶组周家源地层接触带附近，并受北东东向和北北西向断裂构造所控制。主矿体总体走向330°～340°，倾向约65°，倾角65°～75°，少数达88°。

矿体形态较复杂，在剖面上主要呈不规则脉状、透镜状，中部厚度大，两端变薄，乃至尖灭。矿体无论在平面上或剖面上，沿走向、倾向常见分支复合、尖灭再现、膨大缩小、追踪弯曲等现象。

矿体一般厚1～2m，最厚达11.62m（均为水平厚度，以下同）。全区平均厚度2.76m。赋矿标高主要为−100～+35m，最高标高+106m，最低标高−216m。矿体规模大小不一，沿走向延伸70～1015m不等。

矿体形态比较复杂，在剖面上主要呈大的透镜状、不规则脉状，沿倾向显示追踪、膨大缩小、分支复合、尖灭再现等特征。铅锌矿体主要赋存在石英脉中。

2. 矿石特征

矿石中已知矿物26种，其中金属矿物19种，除铜矿物种类较复杂外，主要金属矿物种类较简单，常见金属硫化物占绝对优势。主要有用矿物有方铅矿、闪锌矿、黄铜矿和自然金等。脉石矿物主要为石英、绢云母、长石、绿泥石和方解石。

常见矿石结构有他形晶结构、包含结构、嵌晶结构、侵蚀结构、交代残余结构、文象结构、反应边结构、乳滴状结构等。矿石构造主要有细脉浸染状、斑点状、团块状、块状、角砾状、栉状－晶洞状、蜂窝状－孔洞状及条带状构造等，以细脉浸染状、块状和蜂窝－孔洞状为主。

矿石中主要元素：10号、12号矿体上部为Au，属石英脉型矿石，伴生Ag、Co、Cd、Pb、Zn元素。10号、12号矿体下部为Pb、Zn、Cu，属石英硫化物型矿石，伴生Au、Ag、S、Co、Cd等元素，具有综合利用价值。

二、上官铅锌矿点

矿点内已圈定近南北向的铅锌矿体1个。赋矿围岩为燕山早期石英闪长玢岩。主要分布于127线－128线之间，除少部分矿体出露地表外，大部分均为隐伏矿。矿区毗邻柴古垄铅锌矿区，属虎圩金多金属矿田的一部分，并位于矿田西部。

1. 矿体特征

矿体赋存于燕山早期石英闪长玢岩体中的近南北向裂隙中，属次火山期后中低温热液脉状矿床。其中主矿体为18号铅锌矿体，呈脉状、透镜状产出，形态较简单。矿体总体近南北走向，倾向东，倾角75°～81°，目前已控制长430m，倾向延伸120～180m，赋矿标高＋80～135m。矿体一般厚1.10～2.8m，平均水平厚度1.56m。铅平均品位2.94%，锌4.63%。矿体品位变化系数95%，厚度变化系数44.38%，为一小而富的铅锌矿点。

2. 矿石特征

矿石中已知矿物20多种，其中金属矿物10余种，主要为方铅矿、闪锌矿、黄铁矿、黄铜矿及少量的银金矿物。脉石矿物为石英、方解石、重晶石和绿泥石等。据化学和光谱样分析，矿石的化学成分较复杂，常见元素有Ba、Be、Mg、Pb、Zn、Sn、Ti、Co、Mn、Mo、Cu、Ag、Au、Ga、Fe、W、Bi等。

矿石结构有他形晶结构、包含结构、嵌晶结构、充填结构、交代残余结构以及乳滴状结构。矿石构造主要有细脉浸染状、团块状、块状构造，以细脉浸染状和块状构造为主。

矿石主要有以下几种矿物组合类型。

方铅矿、闪锌矿-石英：矿石中主要金属矿物为方铅矿、闪锌矿、黄铁矿、黄铜矿、镜铁矿。矿石结构以块状、不规则团块状、细脉浸染状为主。脉石矿物为乳白色石英。

方铅矿、闪锌矿、黄铁矿、黄铜矿-石英：主要金属矿物为方铅矿、闪锌矿、黄铁矿和黄铜矿等。

根据野外地质调研结果可知，虎圩矿田的形成经历了次火山期后热液期和表生期2个成矿期，特征如下。

次火山期后热液期：包括 4 个成矿阶段，依次为硅酸盐阶段、氧化物阶段、硫化物阶段、碳酸盐阶段。

硅酸盐阶段矿物共生组合：方铅矿-闪锌矿。此阶段铅、锌矿化微弱，未形成具有工业意义的矿化。

氧化物阶段矿物共生组合：黄铁矿-镜铁矿-自然金-石英。金属矿物呈不规则脉状及小团状。

硫化物阶段矿物共生组合：黄铜矿-黄铁矿-石英、方铅矿-闪锌矿-自然金-赤铁矿（镜铁矿）、铅黑土-石英。该阶段铅锌矿化较强，是主要成矿阶段。

碳酸盐阶段矿物共生组合：方铅矿-闪锌矿-自然金-石英-方解石。该阶段金属矿物呈不规则细脉状，自然金、银金矿、自然银等逐渐减少。

表生成矿期：为次生氧化物阶段，出现铅黑土、赤铁矿（镜铁矿）、褐铁矿等。该阶段可形成几米至几十米的次生富集带，金品位大大提高，形成金矿上部较富、下部较贫的特征。

三、银峰尖金铅锌矿点

矿区位于江西省抚州市东乡区南 13km 处，属黎圩镇银峰源自然村所辖，面积 1.781 3km²。矿区与虎圩乡、黎圩镇均有公路相通，矿区至东乡区公路运距 15km，交通方便。

1. 地质概况

1）地层

矿区出露地层有早白垩世打鼓顶组虎岩段火山碎屑岩和第四系。打鼓顶组虎岩段以流纹质熔结角砾凝灰岩、流纹质熔结凝灰岩为主，间夹少量凝灰质泥岩集块岩和角砾岩。地层总体走向近东西，倾向南，倾角 15°～25°，厚度不详。第四系主要由冲积物和坡积物形成，成分以火山碎屑岩为主，泥砂质结构，坡积层厚度 0.5～1.5m，冲积层 1～10m，分布在山沟低谷。

2）构造

矿区火山碎屑岩总体呈单斜形态，走向近东西，倾向南，倾角 30°～45°。受区域深大断裂和主干断裂影响，矿区内次级断裂构造十分发育。

近东西断裂有 F1 断裂和 F2 断裂，分布于矿区南北两侧，区域延伸均大于 4km。断裂内近东西向平行密集裂隙发育，岩石破碎硅化，局部有金矿化显示，其中北侧 F2 断裂矿化相对较强。断裂均倾向南，倾角 70°以上，连续性较差，属压性—压扭性裂隙。

近南北向断裂为Ⅲ矿带、Ⅱ矿带的容矿构造。主断裂带最长 600 余米，宽 0.5～4.5m。断裂走向连续性好，总体走向近南北，倾向西，局部倾向东，倾角 60°～85°，属于张扭性断裂。

北北东向断裂宏观上表现为一组平行密集分布的裂隙。裂隙规模较小，连续性差，断裂面粗糙，倾角陡，属张性裂隙，为Ⅲ矿带北段和Ⅰ、Ⅳ矿带的容矿构造，矿体规模小、连续性差。

3）岩浆岩

矿区处于东乡火山盆地赛阳关石英闪长玢岩株南侧前锋部位。矿区内见有流纹斑岩、安山玢岩、橄榄玄武玢岩呈小岩脉状侵入白垩纪流纹质熔结凝灰岩和角砾凝灰岩中。

4）围岩蚀变

总体而言，银峰尖矿区夹在 2 条区域性平行断裂构造 F1、F2 之间，形成一条条以断裂破碎带为主的矿化体。矿化体中见石英细脉、网脉充填。在暗红色"焦土"带中,紧贴断层面发育石英脉。破碎带中发育镜铁矿、针铁矿、黄铁矿、铜铅锌硫化物脉。热液石英岩和细角砾岩中发育冰长石化、绢云母化。

2. 矿床特征

1) 矿体特征

根据矿体空间分布情况划分4个矿带,共19条矿体。银峰尖矿区夹持在2条近东西向区域性F1和F2断裂带之间。在区域性南北挤压应力的作用下,白垩纪火山碎屑岩中形成了次一级近南北向、陡倾斜容矿断裂构造。其中Ⅲ矿带Ⅲ2矿体的容矿构造属张扭性质,矿体厚度、延深、规模较大,其余矿体容矿构造以张性为主,矿体长度、延深、规模都很小。矿体严格受断裂构造控制,断裂宽度大者,矿体厚度相对较大,一般厚度0.7~1.0m,多呈透镜状和脉状陡倾斜产出。在破碎带中,金矿石主要由石英、褐铁矿组成。矿体呈脉状产出,与破碎带产状基本一致,矿石以褐色—褐红色夹白色为主要标志。矿体与围岩、无矿破碎带界线明显。

Ⅰ矿带分布在矿区北西部F2断裂南侧,自Ⅰ1N线至Ⅰ4线,矿带长200m。矿体由热液石英岩和硅化-冰长石化构造角砾岩组成。矿体总体走向北北东,倾向南东东,倾角75°。多数矿体沿走向和倾向都不连续,呈透镜状、扁豆状。矿体厚度一般0.40~1.0m,最大厚度4.49m。矿体中Au含量变化较大,单工程品位最低1.05g/t,最高20.0g/t,常见富矿包,工业矿体最低标高0m。

Ⅱ矿带分布在Ⅰ矿带与Ⅲ矿带之间,受F1、F2断裂控制,自Ⅱ1线至Ⅱ4线,矿带长160m。矿体由热液石英岩和硅化-冰长石化构造角砾岩组成。矿体总体走向近南北,倾向西,倾角80°~85°。矿体以小透镜状为主,矿体厚度最小0.87m,最厚4.97m。单工程Au品位最低1.32g/t,最高5.58g/t,工业矿体延伸最低标高+97m。

Ⅲ矿带为矿区主矿带,分布在矿区中—南部,受F1、F2断裂控制,南起10线,北至15线,长770m。矿体由热液石英岩和硅化-冰长石化构造角砾岩组成,赋存在断裂构造中。断裂长600余米,8—4线走向北北西,4—1线走向南北,1线以北走向北北西,倾向西—南西西,倾角70°~81°。矿体出露最高标高+200m,坑道控制最低标高+40m。矿体厚度最小0.58m,最厚4.26m,膨大缩小现象明显,厚度变化系数70%。矿体中金含量变化较大,单工程矿体最低品位1.71g/t,平均9.66g/t,单个样品最高品位470.1g/t,品位变化系数为101%。金含量有明显的上富下贫的规律,如0—2线,地表探槽中品位大于10g/t,120m中段平均品位7.48g/t,到80m中段平均品位4.63g/t,40m中段平均品位只有1.73g/t。矿化(体)深度150m,工业矿体最低标高到+50m。

Ⅳ矿带分布在Ⅰ矿带东部,Ⅲ矿带北部。矿体由热液石英岩透镜体及蚀变围岩组成,走向长30m,延深56m。矿体走向北北东,倾向南东东,倾角75°。矿体呈脉状产出,厚度最小1.0m,最大1.26m,平均1.13m,Au品位最低1.97g/t,最高2.18g/t,平均2.07g/t。

矿石类型主要是蚀变岩型。Ⅲ矿带氧化深度最大达到120m,Ⅰ、Ⅱ、Ⅳ矿带氧化深度一般不超过80m。

2) 矿石特征

金属矿物主要为针铁矿,其次为镜铁矿、黄铁矿、黄铜矿、闪锌矿、方铅矿,含微量的自然金和银金矿。脉石矿物以石英为主，次为冰长石以及绢云母、绿泥石和高岭石等。

金矿物有自然金和银金矿，主要以晶隙金形式赋存，其次为包裹金，裂隙金极少。大部分金矿物沿石英、冰长石晶隙产出。包裹金主要赋存于黄铁矿及褐铁矿中。金矿物以圆粒状、棱角状、长粒状为主，叶片状、针线状次之。金矿物表面洁净，个别见锈粒，个别金粒中有少量石英包体。

矿石结构主要为自形—半自形粒状结构、他形粒状结构、碎裂结构、胶状及变胶状结构、鳞片变晶结构、包含结构、文象结构、镶嵌结构等。矿石呈斑杂状构造、角砾状构造、土状、蜂窝状构造、块状构造、网脉状构造、稀疏—稠密浸染状构造、晶洞-晶簇构造等。

3. 成因分析

银峰尖金矿点产于东乡火山盆地赛阳关石英闪长玢岩株的前峰部位，与石英闪长玢岩有密切的联系，属中生代陆相火山热液金矿床。它经历了两个成矿期——第一期形成火山期后中低温热液原生金矿石，第二期为次生淋滤再富集，形成氧化金矿石。

四、虎形山铅锌金矿点

矿区位于江西省抚州市东乡区140°方向，直距约15km处，在行政区划上属东乡区黎圩镇管辖，面积约1.32km²。矿区与虎圩乡、黎圩镇均有公路相通，交通方便。

1. 地质概况

1）地层

区内出露的主要地层为新元古代洪山组变质岩，中生代白垩纪打鼓顶组虎岩段火山岩、火山沉积碎屑岩及第四系砂、砾石层。

新元古代洪山组（Nh_2-Zh）分布于F1和F2两条大断裂构造的夹持区。可分为4个岩性段。第一段：变质砂岩、绢云母千枚岩夹二云母石英片岩。第二段：二云母石英片岩夹石榴石白云母石英片岩。第三段：夕线石二云母石英片岩夹夕线石二云母片岩。第四段：二云母石英片岩夹夕线石二云母片岩、石榴石二云母石英片岩间夹含锰质角闪石石榴石石英岩。混合岩化显著，局部见有条带状混合岩等。该套地层为本区主要含矿层位，分布于工作区内南部外围。岩层因褶皱、挠曲的影响，产状不一，片理产状总体走向南东—近东西，倾向南西，倾角46°～65°，局部有反倾现象。

白垩纪打鼓顶组虎岩段广泛分布于F1断裂的北西侧，主要岩性为紫红色、灰紫色少斑流纹岩、流纹岩、熔结凝灰岩。前两者为少斑隐晶结构，斑晶为正长石、透长石，可见流动构造。地层倾向南东140°，倾角37°。

第四系分布在矿区的山间洼地及山坡表层，为冲积层和残坡积层，由土黄色、褐黑色亚黏土、亚砂土、砂、砾、角砾及一部分片岩、石英脉碎块夹杂的松散物组成。该层厚度一般0.5～15m不等。

2）构造

区内褶皱构造主要发育于变质岩区，为紧密线型褶皱，在矿区西侧由于F1断裂的作用形成短轴向斜。区内地层总体走向北西—北西西，倾向北东—北东东，倾角平缓，一般

45°～55°。受断裂构造的影响，地层褶曲强烈，形成许多小型紧密褶皱，在断裂带的两侧褶皱更为发育，小型褶皱的轴向一般为北西向，局部受断裂影响偏转呈北—北北东向。

区内断裂构造极为发育，具有多期活动的特点，构造作用错综复杂。受区域性北东向F1和近南北向F2断裂作用的结果，形成了许多不同方向、不同性质的次级派生断裂构造，按断裂展布方向分为北东向、近南北向、北西向构造组，以近南北向构造组最为发育。

（1）北东向断裂构造组。

F1断裂：全长约10km，北东部被F2断裂切断，出露于甘坑—横岭下，长5km，宽3～5m。断裂总体走向北东50°，倾向北西，倾角65°～78°。上盘出露白垩纪火山岩地层，下盘为晚震旦世变质岩；沿断裂有大量安山玢岩侵入，断裂性质为张扭性，并具有先压扭后张扭，以张扭为主的活动特征，是本区重要的导矿构造。

F2断裂：全长约38km，断裂沿走向呈"S"形，南部走向为20°，中部为10°，北部为50°，沿构造线有泉水出露。在矿区内出露于大石下—坑西—三八阪，长4km，宽5～10m，走向10°，倾向南东，倾角60°，往北倾角变陡，局部地段反倾。断裂性质为张扭性，是本区重要的控岩构造。

上述2条断裂是区域性构造，控制了区内火山岩及老地层的展布。受其影响，特别是F1断裂构造的扭应力作用，次级派生断裂构造极为发育，为后期含矿热液提供了有利的赋存空间。

（2）近南北向断裂构造组。

近南北向断裂在区内最为发育，规模大小不一，与矿化有关的构造主要有F3、F4、F5 3条。断裂走向350°～10°，是区内的主要储矿构造。它们的共同特点是走向、倾向基本一致，倾角陡，局部反倾，沿走向、倾向呈舒缓波状、膨大收缩，构造性质为张扭性。构造产物为碎裂岩、角砾岩、硅质岩、梳状石英脉。围岩蚀变类型为硅化、绢云母化、黏土化、绿泥石化和黄铁矿化等，局部见铅锌矿化。近南北向断裂以F3规模最大，F5次之。

（3）北西向断裂构造组。

北西向断裂分布于矿区西侧的火山机构中，主要有F7、F8、F9、F10、F11、F12。断裂延伸长350～1400m，走向320°～330°，倾向北东，倾角71°～75°。断裂性质为张扭性，构造产物为硅化碎裂岩、角砾岩，角砾成分为凝灰岩、安山岩，呈棱角、次棱角状。围岩蚀变有硅化、绿泥石化、黏土化，局部见黄铁矿化、铅锌矿化。该组断裂为火山喷发后的张性裂隙发育而成。

3）岩浆岩

区内出露的岩浆岩主要为燕山期闪长玢岩、安山玢岩、石英斑岩。闪长玢岩呈岩脉产出。安山玢岩呈超浅成分布。石英斑岩呈脉状侵入。此类岩浆岩与赛阳关岩体同源，为其岩浆分异形成。

闪长玢岩主要分布于南华纪—震旦纪变质岩中，呈脉状产出，脉宽0.5～1m，主要在F7及其旁侧分布，并且相对密集，预示着在主矿带及其两侧的深部，有较强的构造岩浆热液活动。

安山玢岩主要分布于矿区北西侧，少数呈脉状产于变质岩中。矿化主要产于该火山岩与围岩的接触带中，安山玢岩与围岩呈明显的侵入关系。

石英斑岩主要呈小岩体、岩株、岩脉状分布于白垩纪火山岩之中，少数细脉状分布于变质岩中。

4) 围岩蚀变

矿区围岩蚀变发育，蚀变类型比较简单，分布范围局限。蚀变类型包括硅化、绿泥石化、绢云母化、萤石化、黄铁矿化、镜铁矿化、碳酸盐化以及黏土化等。与金矿化关系密切的有硅化、黄铁矿化；与铅锌矿化关系密切的有硅化、黄铁矿化、镜铁矿化和碳酸盐化。

硅化是矿区最普遍的蚀变类型。一般而言，随硅化强度增高，金铅锌含量增高。从成矿作用过程分析，成矿前硅化是区域上变质作用、混合岩化作用的结果，使岩石受到普遍的硅质交代。成矿期硅化，根据坑探及钻探资料分析，第一期发育在金成矿期，第二期发育在铅锌成矿期。主要产出形式有脉状、网脉状和梳状。第一期石英脉为中粒、中细粒结构，块状构造，白色至乳白色；第二期梳状石英为灰色至灰黑色，呈石英晶簇，空洞发育，大小不一，方铅矿、闪锌矿呈粒状分布其中。

黄铁矿化遍及全矿区，在成矿前、成矿期、成矿后均有发育。成矿前的黄铁矿几乎分布于区内所有岩石中，呈星点状分布。成矿期的黄铁矿主要分布在硅化碎裂岩中。黄铁矿与金铅锌矿化关系密切，在黄铁矿化发育地段，金铅锌矿化较好。

绿泥石化、绢云母化非常发育，主要分布在片岩、硅化碎裂岩中，为热液交代围岩中斜长石、钾长石的结果。

碳酸盐化分布于硅化碎裂岩中，往往与梳状石英脉共生，呈脉状和团块状产出，与铅锌矿关系极为密切，在碳酸盐中常见粒状和块状铅锌矿。

矿区成矿前以高温蚀变为特征，成矿期以中低温蚀变为主。矿床围岩蚀变分带比较明显，有一定的规律性，由围岩至矿体，大致可分为3个带。绿色蚀变带：该带以绿泥石化、绢云母化蚀变为主，宽20～50m。硅化-黄铁矿化蚀变带：以浅色石英脉、星点状或粒状黄铁矿化为主。硅化-黄铁矿化-镜铁矿化-碳酸盐化蚀变带：以灰色至灰黑色梳状石英脉、胶状黄铁矿、团块状或脉状碳酸盐脉为主。

2. 矿床特征

1) 矿体特征

矿体受近南北向展布的F4和F7硅化破碎带控制，呈脉状、网脉状、透镜状产出。矿体产状与硅化破碎带基本一致，分布于116—111线的−80～+240m标高范围，主矿体的规模及产状特征分述如下。

M2矿体：主要分布在102—109线范围的F4硅化破碎带中。矿体走向北北西，330°～350°之间，倾向240°～260°，倾角70°～75°，局部为85°左右，深部倾角趋缓。矿体走向长245m，倾向延伸长260m，分布于标高+177～−81m之间。

M3矿体：地表出露于110—112线范围的F7硅化破碎带中。矿体走向北西，倾向240°～265°，倾角55°～75°，平均65°。矿体沿走向长200m，倾向延伸长160m，分布于标高+198～+17m之间。平均厚度4.01m，平均品位Pb为2.36%、Zn为0.42%、Ag为8.97g/t、Cu为0.05%。矿体受F7构造破碎带控制，赋矿岩性为云母片岩及火山碎屑岩，矿化元素以 Pb 为主，伴生 Ag、Cu、Zn。

M4 矿体：主要分布在矿区北东侧 F4 断裂中，矿体倾向西，倾角 70°～85°，平均 77°。矿体沿走向长 135m，沿倾向控制最大长度 230m，分布于标高＋169～13m 之间。矿体平均厚度 4.76m，平均品位 Pb 为 1.70％、Zn 为 2.33％、Ag 为 29.46g/t、Cu 为 0.51％。矿体南段与 M2 矿体交叉复合，行迹不明。

M5 矿体：地表出露于 106—104 线范围的 F7 硅化破碎带中。矿体走向北西，倾向 240°，倾角 64°。矿体沿走向长 43m，倾向延伸长 26m，分布于标高＋230～204m 之间。平均厚度 2.48m，平均品位 Pb 为 0.87％、Zn 为 0.08％、Ag 为 0.00g/t、Cu 为 0.00％。

2）矿石特征

矿石中有数十种矿物，氧化带中以镜铁矿、针铁矿为主，含少量黄铁矿、自然金及孔雀石；原生带中主要为黄铁矿、镜铁矿、方铅矿、闪锌矿等，其次为黄铜矿、斑铜矿，含少量辉银矿、自然金、辉钼矿和毒砂。脉石矿物以石英含量最高，其次为方解石、云母类、长石类矿物。

矿石结构为中细粒自形—半自形粒状结构、他形粒状结构、充填结构、交代（残余）结构、碎裂结构等。矿石构造有块状构造、角砾状构造、浸染状构造、蜂窝状构造、脉状构造和条带状构造等。

3. 成因分析

本次研究发现虎形山矿区矿体受一定层位、岩性组合控制，其分布具成群性和多层性特点。矿体呈脉状、透镜状赋存于硅化破碎带中，矿体产状与构造产状基本一致。矿体与围岩界线较清楚，与岩浆侵入活动有成因联系。因此认为该矿床属于硅化破碎带热液型矿床。

第四节 本次工作新发现矿点的地质特征

根据专项地质填图及物化探异常特征分析成果，本次研究在西塘和甘坑林场地区新发现 2 处矿（化）点。

一、西塘地区

1. 地质概况

西塘铜矿点位于银峰源西 2.2km，银峰尖金矿点南西 3.2km 处（图 4-17）。区内出露地层为早白垩世打鼓顶组花草尖段、虎岩段以及第四系。其中以虎岩段为主，主要岩性为空落—灰流相的晶屑玻屑凝灰岩、角砾熔结凝灰岩等，覆于花草尖段流纹质熔结凝灰岩之上。北北西向断裂发育于西塘采场。火山岩中发育有密集的北北西向节理。

区内未见岩浆岩出露。

2. 矿化蚀变特征

西塘地区蚀变类型主要有绿泥石化、孔雀石化、褐铁矿化、硅化及少量碳酸盐化，分布

第四章 矿床（点）地质特征

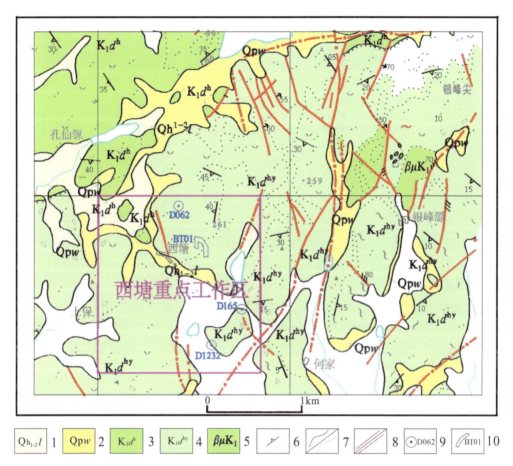

1. 第四纪联圩组；2. 第四纪望城岗组；3. 打鼓顶组花草尖段；4. 打鼓顶组虎岩段；5. 辉绿岩；6. 产状；
7. 地质界线/岩相界线；8. 实测断裂/推测断裂；9. 地质点及编号；10. 剥土工程及编号。

图 4-17　西塘重点工作区地质图（江西省地质矿产勘查开发局九一二大队，2020）

于北北西向断裂两侧，蚀变带宽 3~80m，分带性不明显。

采场石壁上可见有孔雀石化、褐铁矿、绿泥石化的北北西向节理裂隙组。

孔雀石化主要分布在石壁西侧构造破碎带中，呈蓝绿色皮壳状、土状物产于构造破碎带的晶屑凝灰岩角砾和充填物中。构造破碎带由晶屑凝灰岩、含火山角砾岩屑凝灰岩等碎块组成，发育一定风化，充填物为晶屑凝灰岩小碎块和凝灰质成分。除孔雀石化外，还常见绿泥石化、高岭土化，两者常相伴而生。经刻槽采样化验，该处 Cu 品位介于 0.13%~3.08%，同时具有 Ag 矿化，品位为 11.77~40.30g/t。

通过矿点检查工作，往断裂两侧追索，在距采场北西侧约 260m 处发现该断裂破碎带，破碎带可见宽 1m 左右，其岩性特征与采场处一致，但未见矿化。往南东追索，大部分为第四系农田及道路，在距采场南东 800~1000m 处分别发现有较强绿泥石化等绿色蚀变（图 4-18）。

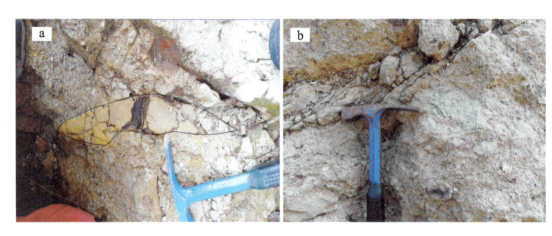

图 4-18　构造破碎带（a）及岩石中绿色蚀变（b）（江西省地质矿产勘查开发局九一二大队，2020）

3. 大比例尺物探剖面成果

本研究以采场为中心布设了 3 条 AMT 测深剖面，对该处深部地质情况进行探测。综合 3 条剖面（图 3-7—图 3-9）特征可知，F1 为一条北北东走向断裂，F2 断裂与之在 22 线 1800 点附近交会，往北为北北西走向，往南为近东西向走向。该点附近存在矿化现象，推测与 F2 构造有关。推测的隐伏岩体主要分布在测线中部，埋深约在 700m 以下，表现为中高阻特征。剖面中部见有低阻体，可能为硫化物含量较高所导致。

对成矿作用特征标志进行分析可知，西塘矿化点绿泥石化蚀变带呈火焰状分布，且该处铜矿化较好，综合 AMT 测深初步成果，推测深部可能存在含矿隐伏岩体（图 4-19），因此认为该区找矿潜力较大。

二、甘坑林场地区

1. 地质概况

甘坑林场铅锌矿化点位于虎形山南西侧 1.5km，赛阳关大型火山口南东侧 6km 处（图 4-20）。出露地层岩性主要有南华纪洪山组石英云母片岩、二云母片岩等（2017 年版《中国区域地质志·江西志》将其划分为周潭岩组，但本研究根据获取的岩性组合认为它与洪山组地层更接近），白垩纪打鼓顶组虎岩段灰流相的晶屑玻屑凝灰岩、角砾熔结凝灰岩等，以及第四系残坡积物。

虎形山北东向大断裂穿过矿区，虎岩线性火山口即沿着该断裂展布。虎岩段火山岩中的北西向断裂（破火山口断裂体系）分布于矿区北西侧，洪山组变质地层则发育较多近南北向（或北北西向）小断裂。

矿区处于赛阳关大型火山口南东新月形地堑中。在地堑南缘虎形山北东向断裂中，分布有许多次火山侵入体和浅成侵入体（朱建林等，2018），矿区范围即有甘坑破火山口附近的安山玢岩、石英斑岩次火山侵入体，呈岩株、岩瘤、岩滴状，其出露面积一般都在 1km² 以下。

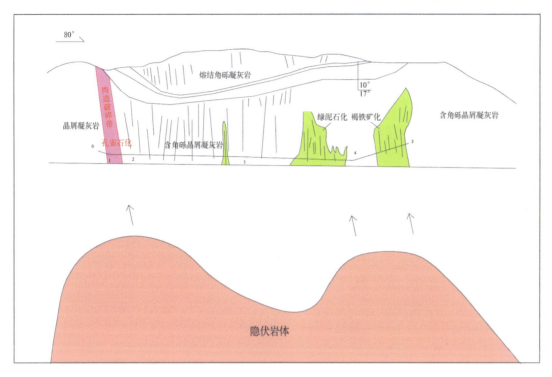

图 4-19 西塘深部岩体预测示意图

2. 矿化蚀变特征

甘坑林场地区蚀变发育，蚀变类型比较简单，分布范围局限。矿化蚀变为硅化、绿泥石化、绢云母化、黄铁矿化、镜铁矿化、碳酸盐化、黏土化等。与铅锌矿化关系密切的有硅化、黄铁矿化、镜铁矿化和碳酸盐化，成矿前和成矿后蚀变主要有绿泥石化、绢云母化和黏土化。

本研究在化探异常检查过程中，在新建队北部地表发现近南北向硅化带中具有强黄铁矿化、弱闪锌矿化、方铅矿化，并通过 TC-1 对其进行揭露（图 4-21）。

硅化带中岩石呈青灰色，黄铁矿呈细粒浸染状分布。硅化岩石较两侧石英云母片岩围岩坚硬，抗风化能力强。见有灰至灰黑色梳状石英，以及石英晶簇、空洞，大小不一。方铅矿、闪锌矿呈粒状分布其中（图 4-22）。经刻槽采样化验，该处铅锌品位较高，Pb 含量 0.21%～0.36%，Zn 含量 0.07%～0.33%，铜有弱矿化迹象。

硅化带宽 2m，走向 155°。通过异常检查工作往断裂两侧追索，可见南侧坡积物覆盖严重，在距 TC-1 北侧 230m 处发现该条硅化带。说明该带具有一定规模，值得开展进一步找矿工作，区内找矿潜力较大。

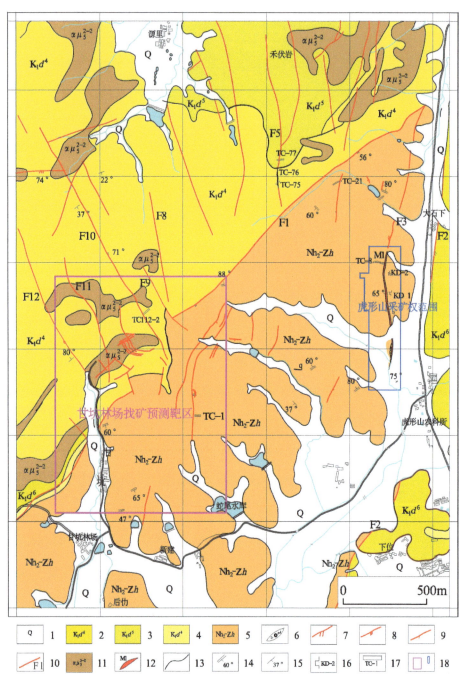

1.第四系；2.打鼓顶组第六段；3.打鼓顶组第五段；4.打鼓顶组第四段；5.洪山组；6.硅化破碎带；7.实测张扭性断裂及产状；8.实测压扭性断裂及产状；9.扭性断裂；10.断裂及编号；11.安山玢岩；12.矿体；13.地质界线；14.片理产状；15.地层产状；16.坑道及编号；17.探槽及编号；18.矿区范围/采矿权范围。

图4-20 甘坑林场重点工作区地质图（江西省地质矿产勘查开发局九一二大队，2020）

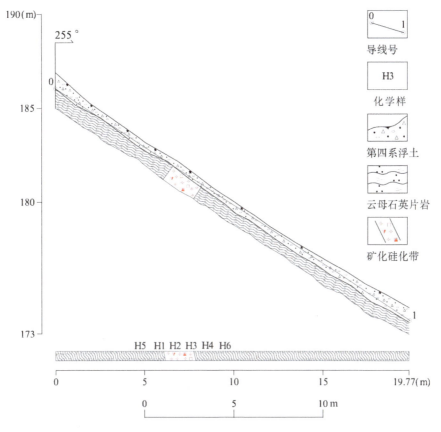

图4-21 甘坑林场TC-1素描图（江西省地质矿产勘查开发局九一二大队，2020）

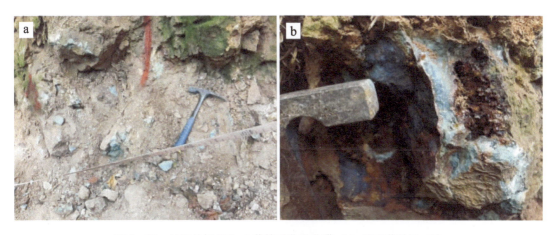

图4-22 甘坑林场TC-1黄铁矿化硅化带（a）及石英晶洞（b）

第五章 区域成矿规律

第一节 成矿地质体特征

东乡南部矿田矿化主要与石英闪长玢岩有关，区内有2个较大的岩体，即赛阳关岩体、虎形山岩体，以岩株或岩瘤状产出。研究认为这两个岩体关系密切，应为同源。冷水坑矿田成矿地质体为火山岩、变质岩等地层重熔而成的冷水坑花岗斑岩。

赛阳关石英闪长玢岩呈三棱形岩株状产出，岩体接触面不平整，呈枝杈状，整体外倾。岩石新鲜面呈灰绿色，具有似斑状结构、中细粒结构，块状构造。斑晶主要为斜长石，以及角闪石、黑云母等暗色矿物，后者多绿泥石化，部分斜长石发育绢云母化、绿泥石化。

冷水坑含矿斑岩体分布于矿田中部，主要为碱长花岗斑岩，侵入早白垩世火山岩地层中，岩体呈北西向开口的马蹄形。岩体总体走向北东，倾向北西。近地表或浅部岩体倾角较缓，有的地段近似水平状，深部产状变陡，在空间上为一上部平缓、下部陡立，向西北倾斜，向下收缩尖灭的蘑菇状岩株。冷水坑含矿斑岩体为浅成—超浅成相，岩石相带单一。岩体呈浅肉红色，少斑状结构，块状构造。斑晶成分为石英，其次为钾长石、斜长石及少量角闪石。石英粒径 0.5mm×3mm～1mm×5mm，基质由微晶—细晶的长石和石英组成，石英呈自形六方双锥形。基质为纤维状。岩体与围岩接触面较平直，倾角较陡。外接触带围岩发育硅化、绿泥石化、碳酸盐化及黄铁矿化等。内接触带一般见黄铁矿化、铅锌矿化。

第二节 成矿构造及成矿结构面特征

东乡南部矿田内断裂构造十分发育，大多在火山喷发前就已产生，火山期后再次活动，具多次活动特点。区域性断裂构造为赛阳关-邓家埠东西向深断裂与宜黄-宁都断裂。前者属萍乡-广丰深断裂分支，走向近东西，为东乡火山盆地边缘断裂。该断裂形成时间早，自新元古代后曾多次活动。后者呈北北东向贯穿东乡南部矿田，燕山期活动强烈。二者为重要的控岩构造，交会于赛阳关岩体附近，为深部岩浆上侵提供运移通道。次火山岩体呈串珠状分布于该断裂带交会部位附近，如赛阳关火山穹隆、大唐破火山口。虎圩、柴古垄、上官、银峰尖等矿床（点）都产于该断裂带交会部位附近。

区内火山穹隆和破火山口控制了矿体空间分布。由于次火山岩体受火山机构控制，岩体内部及周围分布的矿床、矿（化）点在空间上也受火山机构约束。由火山作用派生的环状、放射状裂隙，经深大断裂后期活动改造，形成雁列式张扭性断裂，是重要的成矿结构面。

冷水坑矿田受火山盆地控制。区域性深大断裂制约了火山断陷盆地的发展，对含矿岩体的就位起控制作用。矿区构造对成矿流体起分配、容纳作用，控制了成矿流体的演化和成矿作用的发展。

区内 F1 北东向断裂带与北西向断裂带的复合交接部位，控制了矿床定位。F2 推覆构造直接控制了岩体空间形态及矿床的产出。推覆体中封闭性较好的变质岩系对矿床的形成起屏蔽作用。冷水坑矿床最重要的成矿结构面为次火山岩体顶部接触带、次火山岩体顶部裂隙和爆破角砾岩。

第三节　成矿作用特征标志

本区铅锌成矿作用与陆相次火山岩密切相关。矿体类型主要有隐爆角砾岩型、构造破碎带型、脉型与似层状，由深部到浅部大致可分隐爆角砾岩型银-似层状银铅锌-脉状铅锌-细脉浸染状铅锌-构造角砾岩型金。围岩蚀变类型主要为绿泥石化、硅化、碳酸盐化、绢云母化等，从次火山岩体中心往外大致可分为硅化带、绢英岩化-泥化-青磐岩化带。矿化分带表现为 Cu－Ag→Cu－Zn－Pb－Ag→Pb－Zn→Au。典型矿物组合主要为黄铁矿＋方铅矿＋闪锌矿＋黄铜矿，主体在石英-多金属硫化物阶段成矿。Cu、Zn、Pb、Ag 主要呈 Cl、S 络合物形式迁移，通过流体不混溶和充填交代作用成矿。

第四节　"三位一体"地质模型

根据典型矿床研究成果，分别建立了东乡南部矿田和冷水坑矿田"三位一体"地质模型（表 5-1、表 5-2）。

表 5-1　东乡南部矿田"三位一体"地质模型（叶天竺等，2014，2017）

分类	要素	特征
成矿地质体特征	成矿地质体	石英闪长玢岩
	构造背景	东乡南部火山构造洼地（陆内造山后伸展环境）
	容矿岩石	岩体本身及熔结凝灰岩
	产状及规模	三棱形岩株状，地表出露规模 3.5km^2
	岩石化学	高钾钙碱性系列
	形成时代	早白垩世
	矿体与成矿地质体关系	为成矿作用提供物质来源
	成矿动力源	火山穹隆及同时期北北东向深大断裂活动
	物质来源	岩浆作用、基底地层

表 5－1（续）

分类	要素	特征
成矿构造和成矿结构面	成矿构造系统	火山—次火山穹隆
	成矿构造	放射状、环状断裂
	成矿结构面	火山作用派生的一系列节理裂隙，深大断裂旁侧的北北西—近南北向雁列式张扭性断裂构造面
成矿作用标志	矿体特征	脉状、不规则脉状、透镜状
	矿石结构	结晶结构、充填结构和交代结构，以他形粒状结构和裂隙充填结构最为发育
	矿石构造	脉状、晶洞构造最发育，次为条带状、梳状构造
	共伴生元素	Cu、Au、Ag
	矿石矿物特征	黄铁矿、闪锌矿、方铅矿、螺状硫银矿、磁黄铁矿、菱锰铁矿、磁铁矿
	蚀变特征	以硅化、赤铁矿（镜铁矿）化、碳酸盐化和绿泥石化为主。矿化蚀变分带：硅化、碳酸盐化-线型绿泥石化-高岭土化-面型绿泥石化-石英闪长玢岩
	成矿时代	燕山晚期
	成矿流体特征	200℃左右的中低温热液

表 5－2　冷水坑矿田"三位一体"地质模型（叶天竺等，2014，2017）

分类	要素	特征
成矿地质体特征	成矿地质体	花岗斑岩
	构造背景	冷水坑火山构造洼地（陆内造山后伸展环境）
	容矿岩石	岩体本身，铁锰碳酸盐岩、白云质灰岩、硅质岩夹层、晶屑凝灰岩
	产状及规模	北西向开口的马蹄形，地表出露规模 $0.36km^2$
	岩石化学	高钾钙碱性系列
	形成时代	早白垩世
	矿体与成矿地质体关系	为成矿作用提供成矿物质来源
	成矿动力源	火山穹隆及同时期北东向深大断裂活动
	物质来源	岩浆作用、基底地层
成矿构造和成矿结构面	成矿构造系统	受推覆构造掩盖的破火山口
	成矿构造	湖石大断裂控制的火山构造
	成矿结构面	次火山岩体顶部接触带及其顶部裂隙，隐爆角砾岩、推覆构造、地层硅钙面

表 5-2（续）

分类	要素	特征
成矿作用标志	矿体特征	脉状、透镜状、层状
	矿石结构	结晶结构、交代结构、固溶体分离结构
	矿石构造	细脉浸染状构造、块状构造、角砾状构造及脉状构造
	共伴生元素	Au、Cd
	矿石矿物特征	金属矿物：以赤铁矿（镜铁矿）、方铅矿、闪锌矿、黄铜矿为主，见少量自然金、斑铜矿、黄铁矿、银金矿。非金属矿物：以石英为主，次为方解石、重晶石
	蚀变特征	以绢云母化、绿泥石化、碳酸盐化、硅化和黄铁矿化为主，见少量的泥化、赤铁矿化。由岩体内向外蚀变可以分为3个带：绿泥石化-绢云母化带、绢云母化-碳酸盐化-硅化-黄铁矿化带和碳酸盐化-绢云母化带
	成矿时代	燕山中期
	成矿流体特征	175～400℃，属中高温

第五节　矿床成因与成矿模式

一、虎圩金（铅锌）矿床成矿模式

燕山运动致使本区活化，宜黄-宁都北东东向深断裂带复活、下切，与新生的北北西向、北西向、北东向断裂构成新的构造格架。地壳深部含矿熔浆沿深大断裂带及其复合部位上侵，重熔部分地壳，并吸取上部地壳成矿物质，侵位至浅部或喷出地表。该阶段形成火山—次火山穹隆系统，包括一系列环状、放射状成矿结构面。在岩浆活动和火山作用晚期，随着岩浆不断演化和分异，残余岩浆上升，热液作用增强，成矿物质不断析出、集聚，形成区内成矿地质体——石英闪长玢岩。同时对邻近围岩（矿源层）的成矿元素产生影响，使之活化、转移。在水和挥发分的共同参与下，成矿物质可能以络合物的形式溶于热液中，在一定的物化条件下，在前述成矿结构面聚集，形成含铅锌硫化物石英脉，从而形成铅锌多金属矿床。根据已知矿床的金属元素分布情况，还存在上部富 Au，中部富 Pb、Zn、Cu，下部富 Cu 的规律，预测深部存在斑岩型矿体。综合前人的研究结果，经过分析对比，构建了东乡虎圩矿田成矿模式，如图 5-1 所示。

二、冷水坑铅锌银矿床成矿模式

在区域性的挤压构造环境下，中下地壳武夷变质基底岩石熔融而形成花岗质岩浆。在早白垩世大规模火山喷发之后，沿月凤山火山断陷盆地边缘大断裂快速上侵。在区域性挤压作

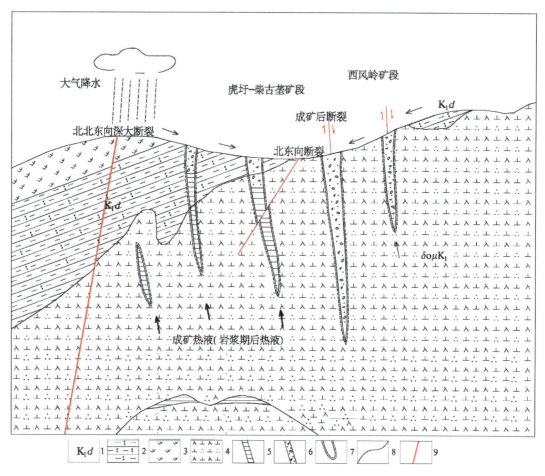

1. 早白垩世打鼓顶组；2. 凝灰质泥岩；3. 英安岩；4. 石英闪长玢岩；5. 原生矿；6. 次生富集矿；7. 蚀变带界线；8. 地质界线；9. 断裂。

图 5-1 东乡虎圩矿田成矿模式图

用下，形成了矿田的 F2 逆冲推覆构造和白垩纪火山岩地层中的层间构造，为花岗质岩浆就位提供了空间并控制了岩体的形态。在岩体上侵过程中，由于岩浆的浅成—超浅成就位，形成花岗斑岩，并在岩体前缘带与接触带发育一定规模的隐爆作用（左力艳，2008；张垚垚等，2010；罗泽雄等，2012；肖茂章等，2014）。

该矿床表现为逆冲推覆断裂带导岩、导矿，潜花岗斑岩成矿，火山岩碳酸盐岩夹层控矿，形成了以斑岩型、似层状矿体为主，兼有少量脉型和隐爆角砾岩型矿体的"多位一体"成矿特征。矿床具有典型的斑岩型矿床的蚀变、矿化分带特点。矿体主要产于斑岩体内接触带，具有细脉浸染状和脉状矿化特征。成矿物质和含矿流体主要源自岩浆，部分成矿物质来自围岩，含矿流体混有大气降水。含矿热液从高温向中低温，由酸性向弱酸性转化，并依次形成铜硫（金）、铅锌（银）和银铅锌矿化。

产于鹅湖岭组、打鼓顶组中的铁锰（银铅锌）矿体，受不稳定的碳酸盐岩夹层控制，呈层状、似层状产出，产状与地层一致。矿层中部分矿石具有鲕粒结构。矿体具有明显的岩浆热液充填交代特征，近花岗斑岩的菱铁（锰）矿矿体转变为磁铁矿矿体。矿化类型属于似层状中温热液交代充填矿床。

综合上述特点，冷水坑矿田具有典型的"层-体"耦合型矿化特征，据此编制了冷水坑矿床成矿模式图（图5-2）。

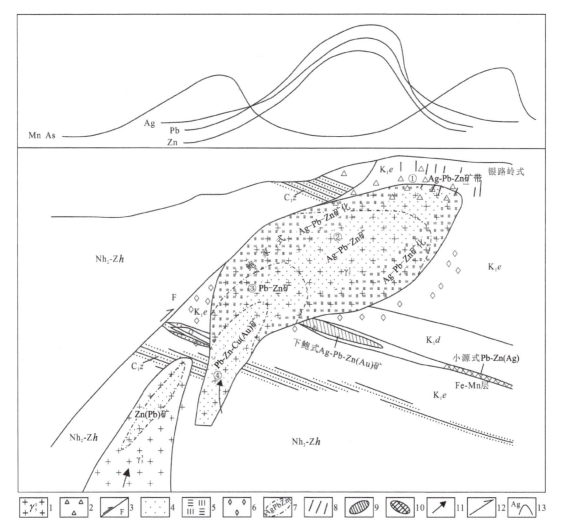

1. 燕山期花岗岩；2. 爆破角砾岩；3. 逆冲断裂层；4. 绿泥石化-绢云母带；5. 绢云母化-碳酸盐化-硅化-黄铁矿化带；6. 碳酸盐化-绢云母化带；7. 矿化及分带：①含少量大脉的细脉浸染型Ag-Pb-Zn带，②细脉浸染型Ag-Pb-Zn带，③浸染型Pb-Zn带，④浸染型Pb-Zn-Cu（Au）带；8. Ag-Pb-Zn大脉；9. 角砾状、块状Ag-Pb-Zn（Au）矿带；10. 似层状Pb-Zn（Ag）带；11. 岩浆流体运移方向；12. 大气降水运移方向；13. 化探元素异常曲线；K_1e. 早白垩世鹅湖岭组火山岩；K_1d. 早白垩世打鼓顶组火山岩；C_1z. 早石炭世梓山组碎屑岩；Nh_1-Zh. 南华纪—震旦纪洪山组变质岩。

图5-2 冷水坑银铅锌矿田成矿模式图（江西省地质矿产勘查开发局九一二大队，2013b）

三、区域成矿模式

综合各矿床特征，构建了区域成矿模式。南华纪沿钦杭结合带南部大陆边缘，发生了强烈的超镁铁—镁铁质火山活动和风化剥蚀作用，为海相沉积变质作用有关的硫铁矿床的形成提供了物质来源。区内南华纪—震旦纪洪山组形成于被动陆缘浅海陆棚碎屑盆地，该组中上部夹磁铁矿、镜铁矿石英岩或磁黄铁矿。加里东运动时期，火山沉积地层和铁矿层（或矿源层）同时发生区域变质变形作用，赤铁矿变为镜铁矿、磁铁矿。海西期，本区大部分抬升为陆地，接受剥蚀。至燕山中晚期，区内转换为拉张环境，岩浆侵入和陆相火山—次火山岩浆活动十分强烈，以酸性、中酸性岩为主。大规模的火山喷发后期，冷水坑地区次火山花岗斑岩沿逆冲推覆构造快速上侵，并在岩体前缘带与接触带发育一定规模的隐爆作用。东乡南部赛阳关地区则沿深大断裂上侵。随着岩体就位，银铅锌矿化不断在环状断裂及其他构造空间富集。岩浆演化后期，形成了富 Cu、Ag、Pb 和 Zn 等元素的岩浆期后热液。它们沿断裂带运移，并活化吸取了围岩地层中的成矿元素。由于大气降水的混入，冷水坑地区成矿流体在逆冲推覆主干断裂下盘的次级构造破碎带中沉淀富集，东乡南部地区成矿流体在受深大断裂影响而形成的一系列张扭性断裂带中富集沉淀，从而形成了这两个地区的银铅锌铜多金属矿化。冷水坑地区受逆冲推覆构造影响，成矿环境较为封闭，主要在斑岩体内及其接触带形成斑岩型银铅锌矿体、热液脉型矿体以及层控型矿体。东乡南部地区次火山岩由于处于相对开放的环境，大多形成热液脉型矿体（图 5-3）。

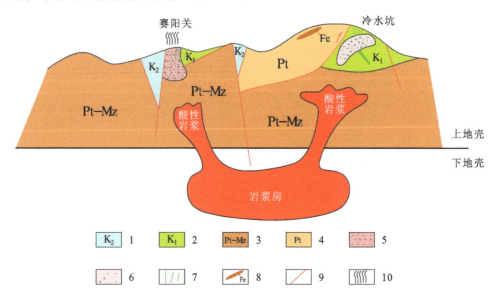

1. 晚白垩世紫红色砂砾岩；2. 早白垩世火山岩—次火山岩；3. 元古宙—中生界；4. 元古宙；5. 石英闪长玢岩；6. 花岗斑岩；7. 陆相次火山热液型银铅锌矿；8. 南华纪沉积变质型铁矿；9. 深大（推覆）断裂；10. 火山喷发。

图 5-3 冷水坑矿集区区域成矿模式图

第六节 成矿系列与成矿谱系

结合区域地质特征，依据成矿系列理论，将江西省冷水坑矿集区范围内主要金属矿床划分为3个成矿系列：钦杭东段南部与燕山期构造-岩浆作用有关的Cu、W、Sn、Mo、Bi、Au、Pb、Zn、Ag、Fe、U、Th、Nb、Ta、Li矿床成矿系列，浙中—武夷山与燕山期构造-岩浆作用有关的Ag、Pb、Zn、Cu、Au、W、Sn、Mo、Nb、Ta、Li矿床成矿系列，钦杭东段南部与南华纪—震旦纪海相沉积变质作用有关的Fe、硫铁矿床成矿系列。分别对应有3个亚系列：与燕山期壳源酸性次火山岩有关的Ag、Pb、Zn、Cu、Au、W矿床成矿亚系列，与燕山期壳幔源中酸性浅成斑岩有关的Cu、W、Sn、Mo、Bi、Au、Pb、Zn、Ag、Fe矿床成矿亚系列，与南华纪—震旦纪海相沉积变质作用有关的硫铁矿床成矿亚系列。成矿系列简表见表5-3。

表5-3 江西省冷水坑矿集区矿床成矿系列简表（丁少辉等，2014）

成矿系列	成矿亚系列	矿床式	成矿元素	矿床类型	典型矿床
钦杭东段南部与燕山期构造-岩浆作用有关的Cu、W、Sn、Mo、Bi、Au、Pb、Zn、Ag、Fe、U、Th、Nb、Ta、Li矿床成矿系列	临川-铅山坳褶带与燕山期壳幔源中酸性浅成斑岩有关的Cu、W、Sn、Mo、Bi、Au、Pb、Zn、Ag、Fe矿床成矿亚系列	虎圩式	Au、Ag、Pb	陆相次火山热液型	虎圩
		枫林式	Cu(S、W)	岩浆热液型	枫林
浙中—武夷山与燕山期构造-岩浆作用有关的Ag、Pb、Zn、Cu、Au、W、Sn、Mo、Nb、Ta、Li矿床成矿系列	北武夷山与燕山期壳源酸性次火山岩有关的Ag、Pb、Zn、Cu、Au、W矿床成矿亚系列	冷水坑式	Ag、Pb、Zn	陆相次火山岩型	银路岭
钦杭东段南部与南华纪—震旦纪海相沉积变质作用有关的Fe、硫铁矿床成矿系列	抚州-饶南坳陷与南华纪—震旦纪海相沉积变质作用有关的硫铁矿床成矿亚系列	沙阪式	硫铁矿、磁铁矿	沉积变质型	黄狮渡

成矿系列类型中的不同系列既是时代的产物，也是成矿环境分异的结果（陈毓川等，2006）。特定的区域成矿作用的演化历史与分布规律称为成矿谱系。根据江西省冷水坑矿集区特定的区域地质构造特点，以成矿地质时代和成矿地质构造环境为纵轴，以重点研究区空间关系为横轴，将两个重点研究区范围内的成矿作用过程及形成的矿床组合自然体（矿床成矿系列）标绘于同一时空域内，并勾绘出其成因上的交叉与联系，从而构建出江西省冷水坑矿集区成矿谱系（廖咏等，2019）（图5-4）。

矿集区成矿时间演化规律：成矿作用历经南华纪—震旦纪海相沉积变质作用有关硫铁矿床的形成，到燕山中晚期（晚侏罗世—早白垩世）进入与酸性—中酸性岩浆活动有关的铜、金、银铅锌、钼的成矿高峰期。

矿集区矿化空间分布规律：①东乡南部矿田与冷水坑矿田均产于晚侏罗世—早白垩世断

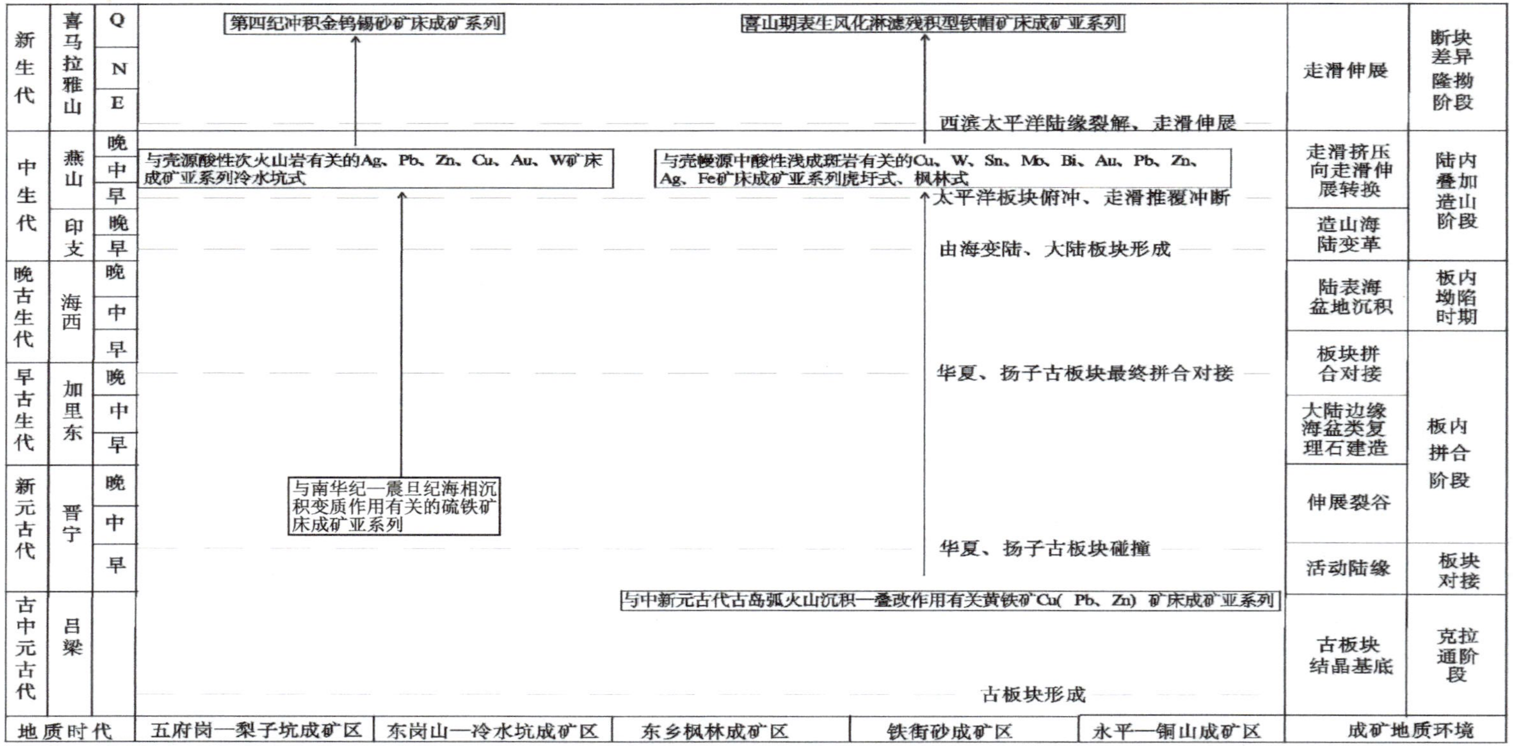

地质时代			成矿系列	成矿事件	成矿地质环境
新生代	喜马拉雅山	Q	第四纪冲积金钨锡砂矿床成矿系列	走滑伸展	断块差异隆物阶段
		N			
		E		西滨太平洋陆缘裂解、走滑伸展	
中生代	燕山	晚	与壳源酸性中酸性浅成岩岩有关的Cu, W, Sn, Mo, Bi, Au, Pb, Zn, Ag, Fe矿床成矿亚系列(冷水坑式)	走滑挤压向走滑伸展转换	陆内叠加造山阶段
		中			
		早	置山期表生风化淋滤残积型建构矿床成矿亚系列		
	印支	晚	与壳幔源中酸性次火山岩有关的Ag, Pb, Zn, Cu, Au, W矿床	造山海陆变革	板内坳陷时期
		早			
晚古生代	海西	晚		陆表海盆地沉积	
		中			
		早		板块拼合对接	板内拼合阶段
早古生代	加里东	晚		太平洋板块俯冲、走滑推覆冲断	
		中		由海变陆、大陆板块形成	
		早		华夏、扬子古板块最终拼合对接	
新元古代	晋宁	晚	与南华纪—震旦纪海相沉积变质作用有关的硫铁矿床成矿亚系列	大陆边缘海盆类复理石建造	板块对接
		中			
		早		伸展裂谷	
古中元古代	吕梁		与中新元古代古岛弧火山沉积-叠改作用有关铁黄铁矿(Cu, Pb, Zn)矿床成矿亚系列	活动陆缘	板块对接
				华夏、扬子古板块碰撞	
				古陆块结晶基底	克拉通阶段
			古板块形成		
	五府岗—梨子坑成矿区	东岗山—冷水坑成矿区	东乡枫林成矿区	铁青砂成矿区	水平—铜山成矿区
			古板块成矿区		

图5-4 江西省冷水坑矿集区成矿谱系图(丁少辉等, 2014, 有改动)

陷火山盆地及其边缘；②两个矿田均广泛分布中酸性—酸偏碱性、中深成—浅成—超浅成相花岗岩类，构造以次级火山机构为特色，矿化以铅锌银金铀为主，其次为铜、钼，主要有冷水坑银铅锌大型矿床、虎圩—银峰源金铅锌矿床；③斑岩型冷水坑银铅锌矿床、斑岩型熊家山钼矿床均受北北东向推覆构造控制或处于旁侧；④西部金溪东岗山一带，赋矿地层为南华纪洪山组条带状磁铁石英岩，分布有尚源、黄狮渡沉积变质型铁矿。

第六章 成矿预测与资源潜力评价

第一节 矿产预测方法

黎圩积幅区域矿产预测主攻矿种为与火山岩有关的 Pb-Zn-Au（Cu）矿床，主攻矿床类型为陆相次火山热液型。根据对该地区成矿规律和控矿因素的分析，本研究选取黎圩积幅 1∶5 万岩性构造图为底图，编图重点为与成矿有关的火山岩、断裂、物探、化探推断的断裂与隐伏岩体，与矿化有关的单元素和多元素地球化学异常、遥感解译的环形构造、矿化蚀变等图层。选择勘探程度较高的虎圩、柴古垄矿床为模型，对不同矿种进行区分，分别基于综合地质信息进行找矿靶区的圈定与优选。在此基础上，利用成矿地质体体积法估算不同矿种的资源量。

第二节 建模与信息提取

根据该地区控矿因素和成矿规律的研究，总结了虎圩金（铅锌）多金属矿床的成矿模式（图 5-1）。结合航磁异常、地球化学异常，构建了虎圩金（铅锌）多金属矿床的预测模型（图 6-1）。根据预测模型，初步筛选出了该类型矿床的预测要素（表 6-1）。

一、预测区圈定

预测单元的圈定方法主要有网格法和综合信息地质单元法。本研究主要采用综合信息地质单元法。该方法由王世称教授等（1987）提出，是一种应用对预测矿种具有明显控制作用的地质条件和找矿意义明确的标志来圈定地质统计单元的方法。

该方法基于以下认知：①矿体、矿床、矿田和矿床密集区是天然、有形的特殊地质体；②矿产资源的形成受成矿、控矿地质条件的限制；③矿产资源的存在可以以不同的方式反映出来；④成矿、控矿地质条件是可以识别的，它所反映的标志也是可以识别的。以地质体为统计单元，按综合信息解译模型客观地划分统计单元，确定统计单元的定义域和边界条件，并研究不同级别统计单元的特征。地质体单元划分方法主要取决于综合信息预测模型的特点。在综合信息预测模型中，有两种预测变量，一种是成矿的必要预测变量，另一种是成矿有利（或不利）变量。以成矿的必要条件为基础，并以成矿有利（或不利）预测变量为补充，来确定综合信息地质体单元（即最小预测区）。最小预测区的圈定应满足在不遗漏矿床的情况下，以最小的面积圈定最小预测区的最优化准则（叶天竺等，2007；肖克炎等，2010）。

第六章 成矿预测与资源潜力评价

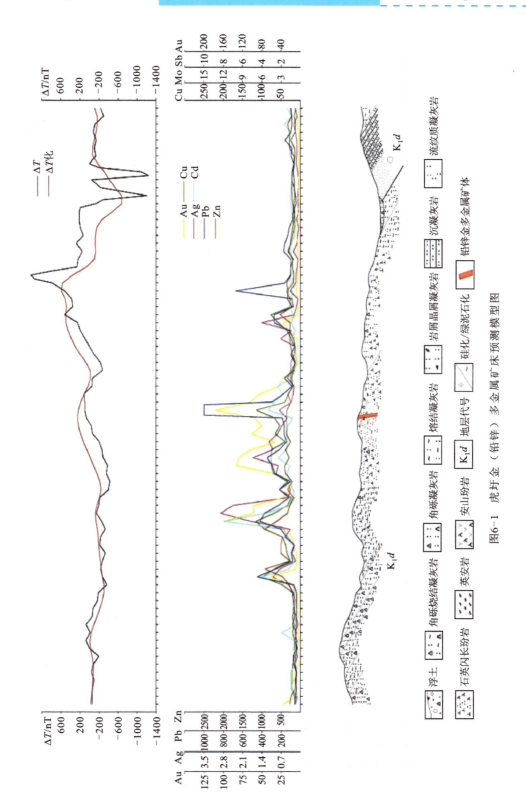

图6-1 虎圩金（铅锌）多金属矿床预测模型图

表 6-1 虎圩金（铅锌）多金属矿床预测要素

区域预测要素			描述内容	预测要素类别
地质环境	大地构造位置		扬子和华夏地块接合处（钦杭结合带）以南，抚州-信江中生代盆地南侧	重要
	构造环境		东乡南部火山岩盆地中，构造为赛阳关火山穹隆，矿体受火山机构中的断裂所控制	重要
	区域成矿类型及成矿期		陆相次火山热液型 Au-Pb-Zn-Cu 矿，燕山期	必要
控矿地质条件	赋矿地层		少量矿体延伸至岩体外接触带白垩纪打鼓顶组周家源段地层中	必要
	控矿岩浆岩		矿体大部分产于燕山期石英闪长玢岩内部	必要
	控矿构造		断裂构造控制着燕山期火山岩的展布以及矿体的产出	重要
区内相同类型的矿产			区内相同类型的矿产有虎圩、柴古垄、虎形山、银峰尖等多个矿床，并发现甘坑林场、西塘等多个矿点	重要
物探、化探、遥感异常特征	地球物理特征	航磁	预测区中呈带状、串珠状的航磁异常主要反映了矿区构造特征，而弱缓的面状异常则可能反指示了隐伏岩体的存在	必要
	地球化学特征	化探	预测区中与矿化关系密切的主要为 Au、Ag、Cu、Pb、Zn、Cd 等单元素异常以及综合异常	必要
	遥感	环形构造	主要解译火山穹隆构造	重要
		蚀变	解译羟基、铁染等蚀变	重要

预测变量的选择与信息的提取是预测工作开展的前提和基础，将直接影响后期的预测成果。因此在选择变量与提取信息时，必须合理筛选、优化组合，在不遗漏地质要素的基础上，统筹考虑物探、化探、遥感综合信息研究成果。

根据虎圩金（铅锌）多金属矿床成矿地质特征以及前期对该地区成矿规律的总结和研究，针对不同矿种，分别构建预测区预测模型（表 6-2）。

根据矿床特征，需要在岩性构造图、矿产地质图、地球化学异常图、航磁异常图中提取成矿信息，构建对应的预测变量。

本研究从岩性构造图中提取出赋矿地层 K_1d，并根据 K_1d 地层与矿床（点）之间的空间相关性，以 200m 间距进行多环缓冲区分析。在此基础上作出缓冲距离与矿床（点）累积百分比关系图（图 6-2），据此确定最优缓冲距离，并构建预测变量图层。

根据岩体与地层中金属元素含量比值差异，构建能够指示隐伏岩体存在的地球化学比值，根据比值圈出地球化学推断的隐伏岩体范围，作为预测变量图层。

以该地区航磁异常分布图为基础，做不同深度的延拓，根据异常形态以及实测断层的分布特征，绘制出航磁推测的断裂构造。根据航磁推测的断裂构造与矿床（点）的空间相关性，以 200m 间距进行多环缓冲区分析。在此基础上，作出缓冲距离与矿床（点）累积百分比关系图（图 6-3），据此确定最优缓冲距离，并构建预测变量图层。

表 6-2 黎圩积幅陆相次火山热液型矿床预测区预测变量选择

预测矿种	区域成矿预测要素	描述内容	成矿要素分类	空间图层特征分类
Au	地层	赋矿地层 K_1d	重要	面
	推断隐伏岩体	地球化学推断隐伏岩体	必要	面
	推断构造	航磁推断构造	必要	线
	Au 单元素地球化学异常	化探异常	必要	面
	Au 矿产地	Au 矿床（点）缓冲区	重要	点
Cu	地层	赋矿地层 K_1d	重要	面
	推断隐伏岩体	地球化学推断隐伏岩体	必要	面
	推断构造	航磁推断构造	必要	线
	Cu 单元素地球化学异常	化探异常	必要	面
	Cu 矿产地	Cu 矿床（点）缓冲区	重要	点
Pb	地层	赋矿地层 K_1d	重要	面
	推断隐伏岩体	地球化学推断隐伏岩体	必要	面
	推断构造	航磁推断构造	必要	线
	Pb 单元素地球化学异常	化探异常	必要	面
	Pb 矿产地	Pb 矿床（点）缓冲区	重要	点
Zn	地层	赋矿地层 K_1d	重要	面
	推断隐伏岩体	地球化学推断隐伏岩体	必要	面
	推断构造	航磁推断构造	必要	线
	Zn 单元素地球化学异常	化探异常	必要	面
	Zn 矿产地	Zn 矿床（点）缓冲区	重要	点

以该地区 1：5 万水系沉积物测量数据为基础，进行反距离插值，形成单元素分布图。对不同元素含量进行正态性检验，剔除极值，直到数据服从正态分布或对数正态分布为止，求取不同元素含量的均值、方差和标准差。以均值±2 倍标准差为阈值，圈定不同元素地球化学异常，形成单元素地球化学异常图层。

矿产地是指示矿化的最直接证据。根据对虎圩、柴古垄矿床的分析可知，该类型矿床沿走向延伸一般不超过 1000m。因此，选取 500m 为半径作缓冲区，形成矿床（点）缓冲区图层。

根据不同矿种预测区预测变量，将航磁推测断裂、Au（或 Cu 或 Pb 或 Zn）单元素异常、K_1d 地层以及化探推测的隐伏岩体等 4 个预测图层进行相交（或交集）分析，最后与对应矿床（点）缓冲区图层进行并集分析，圈出面积较小的区域，最终形成不同矿种最小预测区分布图。

本研究综合信息地质单元的圈定主要是在 MRAS 2.0 中交互搜索模型建模器模块中实

图 6-2　K_1d 地层与矿床（点）累积百分比关系图

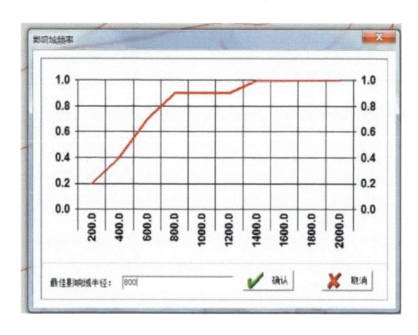

图 6-3　航磁推测的隐伏断裂与矿床（点）累积百分比关系图

现的（以陆相次火山热液型 Au 矿最小预测区的圈定为例，图 6-4）。

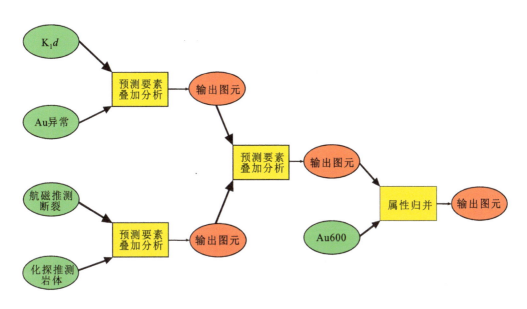

图 6-4 最小预测区圈定模型图

二、预测要素变量的构置与选择

最小预测单元圈定完以后,还要根据每个最小预测单元的各类找矿标志进行构置和选择,以便对各个预测区的成矿概率进行评价和优选。

预测要素变量的构置与选择对预测区成矿概率的计算至关重要。MRAS 2.0 中提供了 3 种筛选预测变量的方法——列联表法、相关系数法、匹配系数法,本研究采用相关系数法。

1. 陆相次火山热液型 Au 矿最小预测区预测变量构置与选择

1) 预测变量构置

根据虎圩金(铅锌)多金属矿床预测模型,综合分析指示 Au 矿化强度的因素,最终构建了陆相次火山热液型 Au 矿最小预测区预测变量(表 6-3)。

表 6-3 陆相次火山热液型 Au 矿最小预测区预测变量

序号	预测变量图层	序号	预测变量图层	序号	预测变量图层
1	K_1d 地层	6	Au 异常	11	地球化学综合异常
2	燕山期玢岩	7	Au 异常面积	12	化探推测岩体
3	断裂	8	Cu 异常	13	环形构造
4	Au 矿床(点)	9	Pb 异常	14	羟基
5	航磁推测断裂	10	Zn 异常	15	铁染

预测变量构置完成后，对其中的 K_1d 地层、燕山期玢岩、断裂、航磁推测断裂、环形构造、羟基、铁染等预测变量进行多环缓冲区分析，分析不同预测变量与 Au 矿床（点）空间相关性，并根据缓冲距离与矿床（点）累积百分比关系图，确定各自对应的最优缓冲距离，形成原始预测变量。

2）设置矿化分级

根据 Au 矿最小预测区圈定结果，提取各预测区中已探明的 Au 矿资源储量，并进行矿化分级（图 6-5）。

图 6-5 陆相次火山热液型 Au 矿化分级

3）模型区选择

根据预测区中各矿产地的规模、工作程度及研究精度选择有代表性的、具有较完善的标志组合的单元，使所选出的模型单元集合中，单元的储量与控矿因素之间有良好的对应关系，能够较好地反映矿产资源储量和控矿因素之间的规律。

4）预测变量二值化

在预测图层的基础上，对预测变量进行二值化（变量存在时为"1"，变量不存在时为"0"），构建二值化的预测变量。

5）预测变量优选

根据相关系数法，以 0.6 为阈值，对二值化的预测变量进行优选，最终确定 Au 矿最小预测区的预测变量（图 6-6）。

2. 陆相次火山热液型 Cu 矿最小预测区预测变量构置与选择

1）预测变量构置

根据柴古垄 Au-Cu-Pb-Zn 多金属矿床预测模型，综合分析指示 Cu 矿化强度的因素，最终构建了陆相次火山热液型 Cu 矿最小预测区预测变量（表 6-4）。

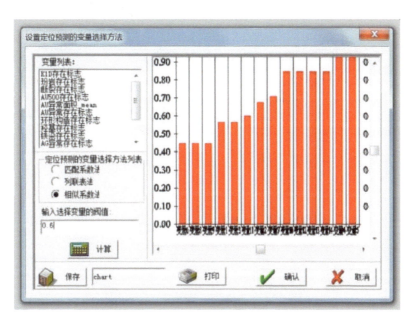

图6-6　Au矿最小预测区预测变量优选

表6-4　陆相次火山热液型Cu矿最小预测区预测变量

序号	预测变量图层	序号	预测变量图层	序号	预测变量图层
1	K_1d 地层	6	Au异常	11	地球化学综合异常
2	燕山期玢岩	7	Cu异常面积	12	化探推测岩体
3	断裂	8	Cu异常	13	环形构造
4	Cu矿床（点）	9	Pb异常	14	羟基
5	航磁推测断裂	10	Zn异常	15	铁染

预测变量构置完成后，对其中的 K_1d 地层、燕山期玢岩、断裂、航磁推测断裂、环形构造、羟基、铁染等预测变量进行多环缓冲区分析，分析不同预测变量与Cu矿床（点）空间相关性，并根据缓冲距离与矿床（点）累积百分比关系图，确定各自对应的最优缓冲距离，形成原始预测变量。

2）设置矿化分级

根据Cu矿最小预测区圈定结果，提取各预测区中已探明的Cu矿资源储量，并进行矿化分级（图6-7）。

3）模型区选择

模型区选择原则与前述Au矿相同，本研究选择包含有Cu矿床（点）的最小预测区作为模型区。

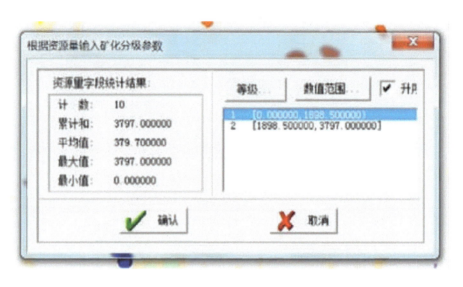

图6-7 陆相次火山热液型Cu矿化分级

4)预测变量二值化

在预测图层的基础上,对预测变量进行二值化,构建二值化的预测变量。

5)预测变量二值化

根据相关系数法,以0.4为阈值,对二值化的预测变量进行优选,最终确定Cu矿最小预测区的预测变量(图6-8)。

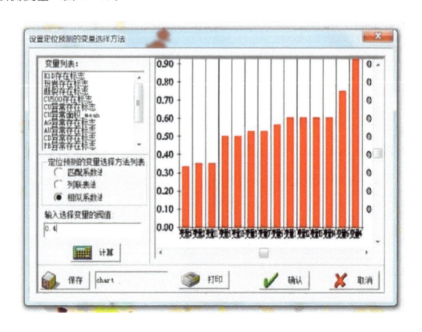

图6-8 Cu矿最小预测区预测变量优选

3. 火山岩性 Pb 矿最小预测区预测变量构置与选择

1) 预测变量构置

根据柴古垄 Au-Cu-Pb-Zn 多金属矿床预测模型，综合分析指示 Pb 矿化强度的因素，最终构建了陆相次火山热液型 Pb 矿最小预测区预测变量（表 6-5）。

表 6-5 陆相次火山热液型 Pb 矿最小预测区预测变量

序号	预测变量图层	序号	预测变量图层	序号	预测变量图层
1	K_1d 地层	6	Au 异常	11	地球化学综合异常
2	燕山期玢岩	7	Zn 异常	12	化探推测岩体
3	断裂	8	Cu 异常	13	环形构造
4	Pb 矿床（点）	9	Pb 异常	14	羟基
5	航磁推测断裂	10	Pb 异常面积	15	铁染

预测变量构置完成后，对其中的 K_1d 地层、燕山期玢岩、断裂、航磁推测断裂、环形构造、羟基、铁染等预测变量进行多环缓冲区分析，分析不同预测变量与 Pb 矿床（点）空间相关性，并根据缓冲距离与矿床（点）累积百分比关系图，确定各自对应的最优缓冲距离，形成原始预测变量。

2) 设置矿化等级

根据 Pb 矿最小预测区圈定结果，提取各预测区中已探明的 Pb 矿资源储量，并进行矿化分级。

3) 模型区选择

模型区选择原则与前述金矿相同，本研究选择包含有 Pb 矿床（点）的最小预测区作为模型区。

4) 预测变量二值化

在预测图层的基础上，对预测变量进行二值化，构建二值化的预测变量。

5) 预测变量优选

根据相关系数法，以 0.75 为阈值，对二值化的预测变量进行优选，最终确定 Pb 矿最小预测区的预测变量（图 6-9）。

4. 火山岩性 Zn 矿最小预测区预测变量构置与选择

1) 预测变量构置

以柴古垄 Au-Cu-Pb-Zn 多金属矿床预测模型，综合分析指示 Zn 矿化强度的因素，最终构建了陆相次火山热液型 Zn 矿最小预测区预测变量（表 6-6）。

预测变量构置完成后，对其中的 K_1d 地层、燕山期玢岩、断裂、航磁推测断裂、环形构造、羟基、铁染等预测变量进行多环缓冲区分析，分析不同预测变量与 Zn 矿床（点）空间相关性，并根据缓冲距离与矿床（点）累积百分比关系图，确定各自对应的最优缓冲距离，形成原始预测变量。

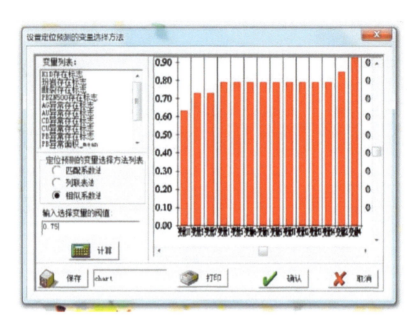

图 6-9　Pb 矿最小预测区预测变量优选

表 6-6　陆相次火山热液型 Zn 矿最小预测区预测变量

序号	预测变量图层	序号	预测变量图层	序号	预测变量图层
1	K_1d 地层	6	Au 异常	11	地球化学综合异常
2	燕山期玢岩	7	Cu 异常	12	化探推测岩体
3	断裂	8	Pb 异常	13	环形构造
4	Zn 矿床（点）	9	Zn 异常	14	羟基
5	航磁推测断裂	10	Zn 异常面积	15	铁染

2）设置矿化等级

根据 Zn 矿最小预测区圈定结果，提取各预测区中已探明的 Zn 矿资源储量，并进行矿化分级。

3）模型区选择

模型区选择原则与前述金矿相同，本研究选取包含有 Zn 矿床（点）的最小预测区作为模型区。

4）预测变量二值化

在预测图层的基础上，对预测变量进行二值化，构建二值化的预测变量。

5）预测变量优选

根据相关系数法，以 0.6 为阈值，对二值化的预测变量进行优选，最终确定 Zn 矿最小预测区的预测变量（图 6-10）。

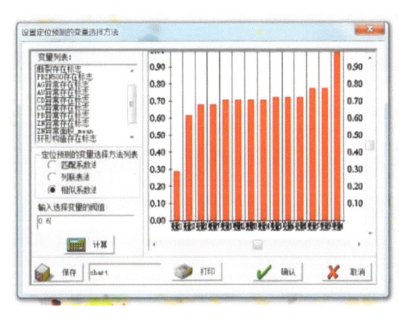

图 6-10 Zn 矿最小预测区预测变量优选

三、预测区优选

在对不同矿种最小预测区变量进行优选后，需要计算各最小预测区的成矿概率，在此基础上对预测区进行优选。本研究采用 MRAS 2.0 提供的特征分析法进行预测区优选。

1) 构建预测模型

运用特征分析法构建预测模型，是指使用与矿床三维环境（包括地形环境、物理性质、化学性质和卫星景象特征）及矿床产地的形成作用（即成因）有关的数据来检查矿床模型，以快速确定评价区的评价对象（单元或矿点）与已知模型的相似程度，或产出矿床的有利程度。MRAS 2.0 提供的特征分析法涉及二维二次导数曲面、布尔转换、最优模型公式和预测区的评价 4 个方面。

2) 计算因素权重

对不同矿种各预测因素进行权重计算，并可根据实际需要设置标志重要性阈值。本研究因素权重计算方法均采用平方和法（矢量长度法）（图 6-11—图 6-14）。

3) 计算成矿概率

本研究采用线性插值计算成矿概率。根据计算得到的成矿概率值，将不同矿种的最小预测区分为 A 类、B 类以及 C 类（各矿种成矿概率分级阈值如表 6-7 所示）。

本研究共优选出陆相次火山热液型 Au 矿最小预测区 6 个，其中 A 类预测区 4 个，B 类预测区 2 个；Cu 矿最小预测区 9 个，其中 A 类预测区 2 个，B 类预测区 3 个，C 类预测区 4 个；Pb 矿最小预测区 6 个，其中 A 类预测区 4 个，C 类预测区 2 个；Zn 矿最小预测区 10 个，其中 A 类预测区 4 个，B 类预测区 2 个，C 类预测区 4 个。

图 6-11 Au 矿最小预测区预测因素权重计算

图 6-12 Cu 矿最小预测区预测因素权重计算

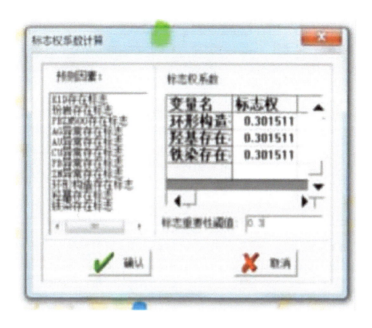

图 6-13　Pb 矿最小预测区预测因素权重计算

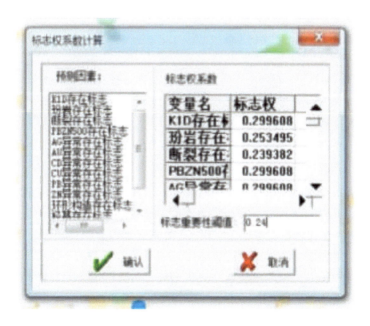

图 6-14　Zn 矿最小预测区预测因素权重计算

表6-7 不同矿种成矿概率分级表

预测矿种	预测区类型		
	A类	B类	C类
Au	0.84	0.64	0.15
Cu	0.65	0.55	0.45
Pb	0.93	0.78	0.50
Zn	0.96	0.77	0.23

第三节 资源量定量估算

本研究采用基于矿床模型综合地质信息预测的含矿地质体体积来进行资源量估算。该方法的思想是将控制区内有代表性的单位体积内矿产资源平均含量的估算值外推到预测区中，从而估计预测区的矿产资源量。具体而言，在圈定成矿预测区的基础上，根据预测区中矿床的勘探程度确定模型区。根据模型区中含矿建造的体积，计算含矿参数，从而分别估算每个预测区的含矿地质体体积及其对应的资源量。

该方法可以用以下公式表示：

$$Z_{预} = S_{预} \times H_{预} \times k_s \times K \times \alpha \tag{1}$$

式中：$Z_{预}$ 为最小预测区潜在资源量（t）；$S_{预}$ 为最小预测区面积（m²）；$H_{预}$ 为最小预测区含矿地质体的延深（m）；k_s 为含矿地质体的面积参数（模型区含矿地质体面积与最小预测区面积的比值）；α 为相似系数。

本研究选取虎圩陆相次火山热液型金（铅锌）矿床以及柴古垄铅锌矿点为模型。

1. 典型矿床潜在资源量估算范围

1) 虎圩金（铅锌）矿床

虎圩金矿产于东乡南部中生代陆相中酸性火山岩区，属中低温热液脉状小型金矿床。矿体呈脉状产于赛阳关岩体南西边缘及与晚侏罗世周家源组接触带附近，北西边缘受北东东向断裂F13制约。4个矿体近平行分布于21—30线狭长地段。矿体赋存于石英脉中，仅局部扩展至石英闪长玢岩内。

根据虎圩金（铅锌）矿床勘探报告，该矿床储量估算范围分为两块，第一块为2号金矿体资源估算范围，估算面积为0.035 1km²，矿体埋藏深度为+103～-102m标高；第二块为1号、1_1号金矿体资源估算范围，估算面积为0.007 7km²，矿体埋藏深度为+103～-102m标高（图6-15）。

2) 柴古垄铅锌矿点

柴古垄矿区上部以金矿为主，伴生Ag、Co、Cd、Pb、Zn元素；下部以Pb为主，共生Zn、Cu，伴生Au、Ag、S、Co、Cd等元素。该矿点属多金属次火山中、低温热液脉状

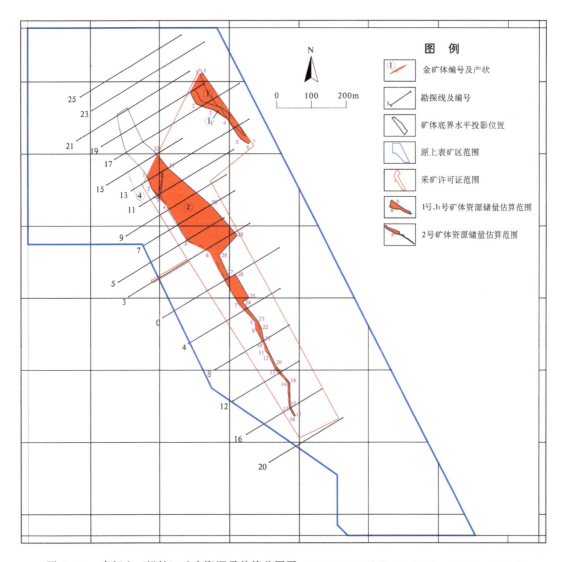

图6-15 虎圩金（铅锌）矿床资源量估算范围图（江西省地质矿产勘查开发局九一二大队，2013a）

矿床。

矿体的展布与石英闪长玢岩体的关系十分密切。矿体呈脉状产于赛阳关岩体南西边缘突出部位，及其与上侏罗统周家源组地层接触带附近，并受北东东向和北北西断裂构造所控制。矿体厚度一般为1~2m，最厚达11.62m。全区平均厚度为2.76m。赋矿标高主要为-100~+35m，最高标高+106m（图6-16）。

2. 模型区潜在资源量及其估算参数确定

根据虎圩金（铅锌）矿床及柴古垄铅锌矿点勘探报告，两个矿床已查明资源量如表6-8所示。

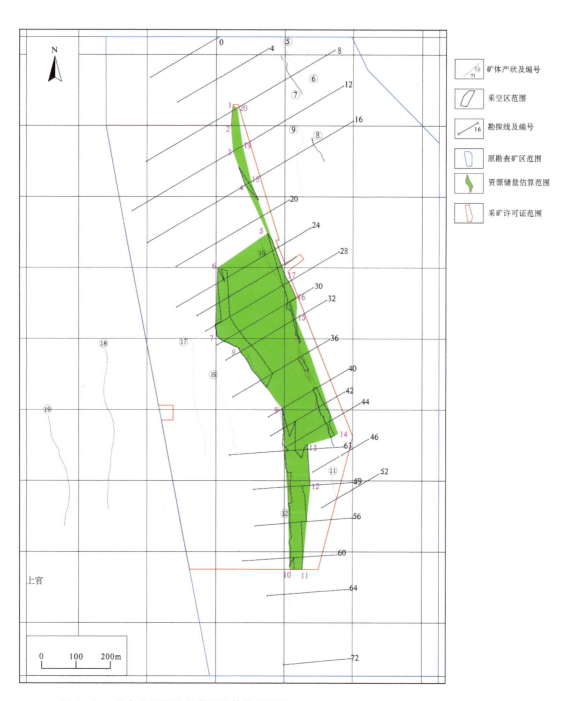

图 6-16 柴古垄铅锌矿点资源量估算范围图（江西省地质矿产勘查开发局九一二大队，2012）

第六章 成矿预测与资源潜力评价

表 6-8 典型矿床（点）已查明资源量表

矿床（点）名称	成矿地质体面积/m²	延深/m	体重/(t·m⁻³)	已探明资源量/t			
				Au	Cu	Pb	Zn
虎圩	7700	205	2.58	1.698 2	0	0	0
柴古垄	131 700	104	2.58	0.522	3797	24 687	21 131

根据典型矿床已查明资源量，分别计算不同矿种对应的模型区面积含矿率和模型区含矿率等参数（表 6-9）。

表 6-9 不同矿种模型区参数汇总表

矿种	模型区面积含矿率	模型区含矿率
Au	0.051 905	$3.162\ 4 \times 10^{-8}$
Cu	0.073 536	$1.074\ 5 \times 10^{-4}$
Pb	0.056 817	$6.040\ 6 \times 10^{-4}$
Zn	0.072 509	$5.795\ 9 \times 10^{-4}$

3. 预测区资源量估算

本研究预测资源量按照深度分为 500m 以浅、1000m 以浅两类。根据模型区资源量估算参数，计算得到各个预测区不同矿种的资源量（表 6-10）。

依据区内地质综合信息，结合最小预测区优选级别、资源量级别、矿产地数量、资源量大小、不同矿种预测区空间分布、地理交通条件、成矿地质条件、经济技术条件等，对最小预测区进行综合评价与人工优选排序。将成矿信息强、找矿潜力大且已有矿床产出的预测区定为 A 类；将成矿信息和找矿潜力较好，发现有矿点或矿化信息的预测区定为 B 类；将成矿信息和找矿潜力一般，未发现明显矿化的预测区定为 C 类。评价结果如表 6-11 所示。

表 6-10 矿预测区资源量汇总表

预测矿种	预测区名称	预测区编号	500m 以浅预测总资源量/t	1000m 以浅预测总资源量/t
Au 矿	虎圩预测区	Au_A1	5.73	11.46
	虎形山预测区	Au_A2		
	银峰尖预测区	Au_A3		
	欧家预测区	Au_A4		
	虎圩东预测区	Au_B1		
	欧家南预测区	Au_B2		

表 6-10（续）

预测矿种	预测区名称	预测区编号	500m 以浅预测总资源量/t	1000m 以浅预测总资源量/t
Cu 矿	柴古垄预测区	Cu_A1	13 192.19	26 384.37
	城门预测区	Cu_A2		
	虎圩预测区	Cu_B1		
	甘坑林场预测区	Cu_B2		
	柴古垄东预测区	Cu_B3		
	西塘预测区	Cu_C1		
	银峰尖预测区	Cu_C2		
	欧家南预测区	Cu_C3		
	虎形山预测区	Cu_C4		
Pb 矿	虎圩预测区	Pb_A1	170 202.73	340 404.98
	虎形山预测区	Pb_A2		
	甘坑林场预测区	Pb_A3		
	狗头岭预测区	Pb_A4		
	柴古垄东预测区	Pb_C1		
	城门预测区	Pb_C2		
Zn 矿	柴古垄预测区	Zn_A1	158 467.67	316 935.33
	虎形山预测区	Zn_A2		
	甘坑林场预测区	Zn_A3		
	狗头岭预测区	Zn_A4		
	柴古垄东预测区	Zn_B1		
	虎圩预测区	Zn_B2		
	城门预测区	Zn_C1		
	欧家南预测区	Zn_C2		
	城门南预测区	Zn_C3		
	金峰岭北预测区	Zn_C4		

表 6-11 黎圩积幅多金属综合预测区成矿地质评价表

序号	预测区名称	预测区类别	主攻矿种	成矿地质评价
1	虎圩预测区	A1	Au-Cu-Pb-Zn	石英闪长玢岩出露，围岩为打鼓顶组火山岩，化探显示该区存在较大面积的隐伏岩体及综合异常，区内已发现有虎圩、柴古垄、上官等多金属矿床，具备良好的成矿地质条件，找矿潜力大
2	虎形山预测区	A2	Au-Pb-Zn	区内见脉状安山玢岩出露，化探显示其深部存在较大面积隐伏岩体及综合异常，区内发现虎形山矿床一处，具备良好的成矿地质条件，找矿潜力大
3	银峰尖预测区	A3	Au-Cu-Zn	区内见少量玢岩脉出露，化探显示其深部存在隐伏岩体及较好综合异常，区内发现银峰尖矿床1处及银峰源矿点1处，具备良好的成矿地质条件，找矿潜力大
4	城门-甘坑林场预测区	B1	Cu-Pb-Zn	区内见安山玢岩岩脉及岩株出露，化探显示其深部存在隐伏岩体及较好综合异常，区内发现城门、甘坑林场矿（化）点2处，具备良好的成矿地质条件，找矿潜力较大
5	西塘预测区	B2	Cu	区内未见岩体出露，化探异常不明显，AMT显示其深部可能存在隐伏岩体，区内发现西塘矿点1处，具备良好的成矿地质条件，找矿潜力较大
6	欧家预测区	C1	Au	区内未见岩体出露，化探可见综合异常且显示其深部可能存在隐伏岩体，区内未发现明显矿化信息，具备较好的成矿地质条件，具有一定的找矿潜力
7	柴古垄东预测区	C2	Au-Cu	区内未见岩体出露，化探可见综合异常且显示其深部可能存在隐伏岩体，区内未发现明显矿化信息，具备较好的成矿地质条件，具有一定的找矿潜力

第四节 资源环境综合评价

经查询，矿集区范围内生态红线主要集中于瑶圩幅与上清幅交界龙虎山风景区、黎圩积幅赛阳关附近、金溪县潮水岩体及湖石幅北西和南东侧，见图6-17。

本研究针对黎圩积幅开展工作，故主要以东乡区虎圩金矿为例对技术经济条件与地质环境条件进行评价。

技术经济条件：经矿区勘查及后续储量核实工作，虎圩金矿属中低温热液脉状小型金矿床，地处低山—丘陵地貌区，有公路通往矿区，交通方便；各种基础设施齐全；矿石可选性较好；矿区内劳动力富余，具有较好的自然经济地理条件。截至目前，矿山保有（122b+333类）资源储量（矿石量）688.56千t，平均品位Au 5.61g/t，按实际生产规模（平均）

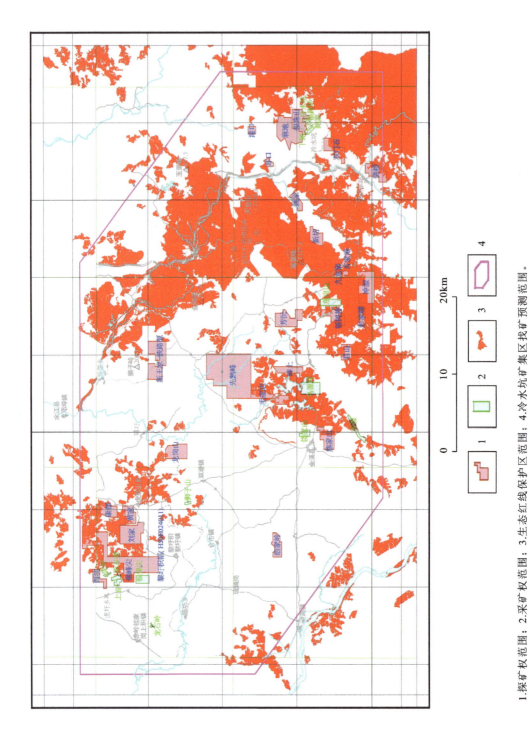

1.探矿权范围；2.采矿权范围；3.生态红线保护区范围；4.冷水坑矿集区找矿预测范围。

图6-17 江西省冷水坑矿集区资源生态环境图（江西省地质矿产勘查开发局九一二大队，2020）

0.5万 t/年矿石量计算，可服务 10 年。根据市场行情，近三年黄金平均销售价格为 280 元/g，采选成本为 190 元/g，计算出近三年平均年利润为 155 万元左右。综合矿山各项经济技术指标，矿山具有良好经济效益。

地质环境条件：矿区位于低山丘陵地貌区，地表水不发育。矿体大部分位于当地侵蚀基准面以下，但矿体、顶底板围岩、石英闪长玢岩、凝灰质粉砂岩等含地下水微弱。大气降水是矿坑充水主要补给源，矿区水文地质条件中等。矿区地形较简单，主要围岩石英闪长玢岩和粉砂岩等致密坚硬，断裂破碎带不甚发育，矿区工程地质条件属中等类型。矿区稳定性较好，无地质灾害发生，附近无较大污染源，地表水、地下水水质良好，矿山开采工作对环境影响小，矿区地质环境质量良好。

第七章 主要成果与展望

第一节 主要研究进展

1. 成矿地质体

东乡南部金铅锌矿田属于临川-铅山坳褶带与燕山期壳幔源中酸性浅成斑岩有关的 Cu、W、Sn、Mo、Bi、Au、Pb、Zn、Ag、Fe 矿床成矿亚系列，主要发育陆相次火山热液型矿床，成矿地质体为赛阳关石英闪长玢岩岩体。

2. 成矿构造与成矿结构面

研究区地处扬子与华夏地块及其结合带（钦杭结合带），位于萍乡-广丰深断裂带南侧，并受该构造控制。自晋宁期至燕山期，经历了多期次的构造运动。加里东期形成紧密褶皱和东西向深断裂。燕山早期构造和岩浆活动强烈，形成多个火山机构，且断裂构造发育。燕山晚期以后构造活动强度减弱而趋于平稳。

区域性断裂构造为赛阳关-邓家埠东西向深断裂，属萍乡-广丰深断裂分支，走向近东西向，区内延伸约20km。该断裂形成时间早，自元古宙后曾多次活动。该断裂为岩浆运移提供通道，次火山岩体呈串珠状分布于该断裂带。赛阳关火山穹隆、大唐破火山口、虎圩、柴古垄、上官等金铅锌矿都产于该断裂带上。

区内火山穹隆和破火山口控制了矿体空间分布。由于次火山岩体受火山机构控制，因此岩体内部及周围分布的矿床、矿（化）点，在空间上也受火山机构约束。由火山作用派生的次级裂隙，也是重要的导矿、容矿构造。

成矿结构面主要为深断裂带旁侧张性断裂，主体为赛阳关岩体周边北北西—近南北向雁列式张扭性断裂。该类断裂早期为以火山口为中心的放射状断裂，成矿期受北北东向深断裂影响改造而形成雁列张性断裂。

3. 成矿作用特征标志

（1）矿体宏观特征：矿体形态较为复杂，多为不规则脉状，常见分支复合、膨大缩小、拐弯追踪现象。矿体呈波状延伸，拐弯处矿体膨大。部分矿体呈透镜状。矿脉群呈雁行式右行侧列，大致呈等距性分布。

（2）矿物及蚀变带特征：矿石结构以他形粒状结构和裂隙充填结构最为发育。矿石构造以脉状、晶洞构造最为发育，次为梳状构造，蜂窝—空洞构造亦较为常见。

金属矿物以自然金、赤铁矿（镜铁矿）为主，次为方铅矿、闪锌矿及少量银金矿、黄铁矿。岩石蚀变类型较多，有硅化、赤铁矿（镜铁矿）化、碳酸盐化、绿泥石化、黄铁矿化、高岭土化、重晶石化、绢云母化等,以硅化、赤铁矿化(镜铁矿)、碳酸盐化和绿泥石化为主,与金铅锌多金属矿化关系较为密切。由矿脉中心向外,依次发育如下蚀变分带:硅化-碳酸盐化-线型绿泥石化(细晶浸染状黄铁矿化)-高岭土化-面型绿泥石化-原岩(石英闪长玢岩)。

(3) 地球物理标志:英安玢岩、安山玢岩及富钾英安玢岩等侵入火山岩中,并具一定规模时,可形成弱重力高异常。石英闪长玢岩密度达 $2.66\times10^3\,\mathrm{kg/m^3}$,当其侵入火山岩中,并具一定规模时,可形成明显重力高异常。根据工作区内矿床特征,需多注意重力高异常。

(4) 物质成分来源:本区周家源段、虎岩段火山岩成矿元素丰度较高,与区内矿产的空间分布具一致性,说明火山岩与金多金属成矿有密切联系。

(5) 成矿时代:东乡南部地区中侏罗世—早白垩世伴随强烈的中酸性岩浆侵入和陆相火山喷发活动,中侏罗世—早白垩世是区域大规模成矿期。与虎圩金(铅锌)矿床有成生关系的赛阳关石英闪长玢岩体形成于 130Ma 左右。

4. 1:5万专题地质成果

前人在黎圩积幅开展的区调工作十分扎实详尽,本书诸多基础地质方面内容沿用前人资料。东乡南部火山构造洼地中所发现的金属矿床类型主要为陆相次火山热液型,成矿与构造关系最为密切。因此本研究1:5万专题调查以调查与成矿有关的地质构造特征为主。取得的主要成果有如下几点。

1) 进一步明确了东乡南部火山构造洼地与成矿的关系

黎圩积幅与成矿相关的建造主要为火山岩建造,主要有熔结集块岩-流纹质熔结角砾岩-流纹质熔结凝灰岩构造岩石组合和潜火山岩构造岩石组合。前者为打鼓顶组的流纹质熔结凝灰岩或流纹质角砾熔结凝灰岩夹正常碎屑岩组合,后者为呈岩墙、岩枝、岩瘤、岩株侵入到火山岩系中的赛阳关附近的石英闪长玢岩。

黎圩积幅加里东期形成紧密褶皱和东西向深断裂构造。中生代以来,燕山运动导致了频繁的火山喷发和岩浆侵入,形成了以铅、锌、铜、铀等矿产为主的内生金属矿化,燕山期为主要成矿期。

2) 初步划分出黎圩积幅火山岩岩相及重要火山机构特征

结合前人资料及本次专项地质填图工作,根据黎圩积幅打鼓顶组各火山喷发旋回的岩石类型、组合特征及分布规律,将区内火山岩岩相类型归纳为爆发相、喷溢相、次火山岩相、火山通道相及火山喷发—沉积相5种类型。

区域性断层对本图幅中生代火山机构的控制非常明显,区域性东西、北东、北北东等方向断层及多组断层的复合部位分级控制了区内火山构造的发育。其中赛阳关火山穹隆主要受区域性东西向、北北东向断裂控制,方家-虎岩破火山口主要受北东向断裂控制,银峰尖-黎圩岭火山盆地主要受北北东向断裂控制。

3) 对成矿构造演化进行了初步研究,初步区分了含矿构造特征

赛阳关岩体周边北北西—近南北向雁列式张扭性断裂构造为区内重要成矿构造。推测在北北东向深断裂附近的北北西向硅化带中成矿可能性大。

赛阳关火山穹隆早期中心式熔岩喷溢揭开了火山活动的序幕。熔浆自火山筒通道向上涌

出时产生的同心圆状张应力作用,形成了放射状排列的张性裂隙与环状裂隙。后期受北北东向深大断裂(宜黄-宁都)改造,形成密集节理面、断裂面、断裂带,即为重要成矿结构面。

4)初步总结了赛阳关周边构造控矿及破矿规律

断裂构造不仅为岩浆提供运移了通道和成岩空间,也是重要的导矿、容矿构造,同时还存在破矿现象。一方面,发育于岩体和火山岩中的断裂构造,为成矿热液提供了运移通道和成矿空间,控制了矿体形态、产状及规模;另一方面,成矿后所形成的断裂构造对矿体起错断破坏作用。

5. 遥感解译成果

从线环解译结果看,区内存在北东向及北北东向的大断裂,并存在北西向、南北向大小不一的断裂构造以及羽状断裂构造,均集中于区内东北部山区丘陵地带(赛阳关岩体周边)。

在线形构造分布密集区,环线构造分布也较密集,二者呈穿插、相切等关系,部分构造为半环形。将线环构造与区域矿产点叠加,发现该区的矿产大部分分布在各级线性构造的周边,特别是线性构造交会处。

根据遥感影像提取的羟基异常多分布于 $Qh_{1-2}l$ 地层中,而铁染异常多分布于流纹岩、凝灰岩等火山岩区及石英闪长玢岩区。

6. 地球物理成果

本研究共圈出 15 处磁异常,磁异常整体较为杂乱,正异常大致呈北东向展布。经与航磁 ΔT 等值线对比发现,研究区中部的梯级带对应较好。磁异常主要分布在研究区北部赛阳关、虎圩、笔架尖及中部欧家、牧阳科、白云峰等地区,多表现为正、负异常相伴生,具条带状特征。

本研究根据磁异常共推测出 20 条断裂,其中北北东向 8 条、北东向 3 条、近东西向 3 条、北北西向 2 条、北西向 4 条。

7. 地球化学成果

将空间上密切相伴、同种成因的元素异常归并为一个综合异常。本研究通过 1:5 万水系沉积物测量共圈定了 8 处综合异常,总面积 44.31km²。根据分类标准对异常进行分类:①虎圩 HS1、银峰尖 HS6、虎形山 HS8 异常有进一步找矿远景或可能找到新的矿种,为甲$_1$ 类异常;②甘坑林场 HS7 异常可能发现中小型矿床,为乙$_2$ 类异常;③方家 HS4、张家边 HS5 异常可能发现矿点,为乙$_3$ 类异常;④上坊 HS2、田尾 HS3 异常能为找矿以外的其他研究提供信息,为丙$_1$ 类异常。

根据元素地球化学场、局部异常特征和空间分布形式,推断地质构造属性。共推测断裂 28 条及 2 处火山沉降盆地边界,其中断裂包括北北东向 6 条、北东向 4 条、近东西向 4 条、北北西向 9 条、北西向 5 条。火山沉降盆地边界 1 起于图幅东北角坟窝岭,往西南经横岭下、后畲、会仙岭,至图幅西边界油泗源结束,该边界与虎岩火山旋回边界基本一致。火山沉降盆地边界 2 起于图幅东南侧谢坊洪家,往西南经龙脉岭、后畲、会仙岭,至图幅南边界珊珂傅家结束,该边界与梧溪火山旋回边界基本一致。

8. 新发现矿点、矿化点

本研究新发现 2 处矿点、矿化点，分别是西塘铜矿点和甘坑林场铅锌矿化点。西塘铜矿点见有孔雀石化蚀变分布在北北东向构造破碎带中，甘坑林场铅锌矿化点在近南北硅化带中发育强黄铁矿化和弱闪锌矿化、方铅矿化。经研究认为，两者均分布于北北西—近南北向雁列式张扭性断裂带中，但并非所有该类断裂均含矿，含矿断裂带还应与北东—北北东向深大断裂构造有组合关系。

9. 资源潜力评价

通过矿产潜力评价工作，优选出陆相次火山热液型金矿最小预测区 6 个，其中 A 类预测区 4 个，B 类预测区 2 个；铜矿最小预测区 9 个，其中 A 类预测区 2 个，B 类预测区 3 个，C 类预测区 4 个；铅矿最小预测区 6 个，其中 A 类预测区 4 个，C 类预测区 2 个；锌矿最小预测区 10 个，其中 A 类预测区 4 个，B 类预测区 2 个，C 类预测区 4 个。

在单矿种预测区圈定与优选的基础上，进行综合评价与人工优选排序，共划分出 7 个综合预测区，其中 A 类 3 个，B 类 2 个，C 类 2 个。在 500m 以浅预测金资源量 5.73t，铜资源量 13 192.19t，铅资源量 170 202.73t，锌资源量 158 467.67t；在 1000m 以浅预测金资源量 11.46t，铜资源量 26 384.37t，铅资源量 340 404.98t，锌资源量 316 935.33t。

第二节　展望

（1）未来研究应关注东乡南部典型矿床与冷水坑矿床之间的异同和联系，完善区域成矿规律。

（2）建议通过钻探验证西塘火焰状蚀变带深部是否存在含矿隐伏岩体，以及甘坑林场铅锌矿化的延伸情况。

（3）上官、虎圩、虎形山等矿区由于受采矿标高的制约，矿体深部延伸情况还未控制，矿山边深部仍具有找矿前景。

主要参考文献

承斯,2011.江西冷水坑银铅锌矿下鲍矿区闪锌矿的矿物学特征研究[D].北京:中国地质大学(北京).

丁少辉,黄传冠,祝立人,等,2014.江西省矿产资源潜力评价总体成果报告[R].南昌:江西省地质调查研究院.

方菲,2020.根据重磁资料解释河北断裂体系与地震地质构造[J].物探与化探,44(3):489-498.

龚雪婧,2017.大陆环境斑岩铅锌矿床成因研究:以西藏纳如松多矿床与江西冷水坑矿床为例[D].北京:中国地质大学(北京).

何细荣,黄冬如,饶建锋,2010.江西贵溪冷水坑矿田下鲍银铅锌矿床地质特征及成因探讨[J].中国西部科技,9(25):1-3+28.

黄水保,孟祥金,徐文艺,等,2012.冷水坑矿田层状铅锌银矿稳定同位素特征与矿床成因[J].东华理工大学学报(自然科学版),35(2):101-110.

黄振强,1993.冷水坑银矿田成矿条件及矿床特征[J].地质与资源,2(4):284-291.

江西省地质调查研究院,1973.黎圩积幅1:5万区域地质调查报告[R].南昌:江西省地质调查研究院.

江西省地质矿产局,1984.江西省区域地质志[M].北京:地质出版社.

江西省地质矿产勘查开发局,2017.中国区域地质志·江西志[M].北京:地质出版社.

江西省地质矿产勘查开发局九一二大队,1987.金溪县幅G-50-6-B 1/5万区域地质调查报告[R].鹰潭:江西省地质矿产勘查开发局九一二大队.

江西省地质矿产勘查开发局九一二大队,2004.江西省贵溪市冷水坑矿田下鲍矿区银铅锌矿详查报告[R].鹰潭:江西省地质矿产勘查开发局九一二大队.

江西省地质矿产勘查开发局九一二大队,2010.江西省贵溪市冷水坑银铅锌矿核查矿区资源储量核查报告[R].鹰潭:江西省地质矿产勘查开发局九一二大队.

江西省地质矿产勘查开发局九一二大队,2012.江西省东乡区柴古垄矿区铅锌矿资源储量核实报告[R].鹰潭:江西省地质矿产勘查开发局九一二大队.

江西省地质矿产勘查开发局九一二大队,2013a.江西省东乡区虎圩矿区金矿资源储量核实报告[R].鹰潭:江西省地质矿产勘查开发局九一二大队.

江西省地质矿产勘查开发局九一二大队,2013b.冷水坑矿田火山构造与成矿研究报告[R].鹰潭:江西省地质矿产勘查开发局九一二大队.

江西省地质矿产勘查开发局九一二大队,2020.江西省冷水坑矿集区深部找矿预测成果报告[R].鹰潭:江西省地质矿产勘查开发局九一二大队.

蒋起保,魏锦,欧阳永棚,等,2021.江西大游山地区水系沉积物地球化学特征及找矿方向[J].沉积与特提斯地质,41(1):73-81.

赖长金,2019.江西宜黄南华山石墨矿矿床学特征及成因探讨[D].南京:南京大学.

李青,2016.江西冷水坑银铅锌矿床中铁锰碳酸盐地球化学和同位素特征与成因研究[D].南京:南京大学.

廖咏,李凯,2019.浅谈江西省铜矿成矿规律[J].世界有色金属(22):92-93.

主要参考文献

刘英俊,曹励明,李兆麟,等,1984.元素地球化学[M].北京:科学出版社.

罗平,2010.江西北武夷地区铜多金属矿成矿规律及找矿方向研究[D].北京:中国地质大学(北京).

罗泽雄,饶建锋,罗渌川,2011.北武夷冷水坑矿田银铅锌矿床找矿勘查模型探讨[J].中国西部科技,10(18):3-5+17.

罗泽雄,万浩章,何细荣,2012.江西冷水坑矿田银铅锌矿床特征及成矿模式探讨[J].沉积与特提斯地质,32(4):94-99.

孟祥金,侯增谦,董光裕,等,2009.江西冷水坑斑岩型铅锌银矿床地质特征、热液蚀变与成矿时限[J].地质学报,83(12):1951-1967.

孟祥金,徐文艺,杨竹森,等,2012.江西冷水坑矿田火山-岩浆活动时限:SHRIMP锆石U-Pb年龄证据[J].矿床地质,31(4):831-838.

苏慧敏,2013.北武夷天华山盆地火山-侵入岩的成因及其与成矿关系的研究[D].北京:中国地质大学(北京).

孙建东,2012.江西省冷水坑银铅锌矿床同位素地质研究[D].成都:成都理工大学.

万乐,周田,戴威,等,2020.江西省东乡南部地区成矿地质特征与找矿预测[J].世界有色金属(9):89-90.

王长明,徐贻赣,吴淦国,等,2011.江西冷水坑Ag-Pb-Zn矿田碳、氧、硫、铅同位素特征及成矿物质来源[J].地学前缘,18(1):179-193.

王光明,2016.江西省东乡县虎圩金矿床地质特征与找矿模型[J].科技视界(2):266-267.

王光明,刘海波,2015.江西东乡南部火山岩基本特征及其找矿方向[J].中国西部科技,14(6):39-40.

王俊明,2012.江西冷水坑下鲍银铅锌矿床中银元素赋存状态的研究[D].北京:中国地质大学(北京).

肖克炎,叶天竺,李景朝,等,2010.矿床模型综合地质信息预测资源量的估算方法[J].地质通报,29(10):1404-1412.

肖茂章,漆光明,2014.江西冷水坑铅锌银矿田成矿系统与成矿模式[J].地质与勘探,50(2):311-320.

徐贻赣,吴淦国,王长明,等,2013.江西冷水坑银铅锌矿田闪锌矿铷-锶测年及地质意义[J].地质学报,87(5):621-633.

鄢明才,迟清华,顾铁新,等,1995.中国各类沉积物化学元素平均含量[J].物探与化探,19(6):468-472.

杨明桂,黄水保,楼法生,等,2009.中国东南陆区岩石圈结构与大规模成矿作用[J].中国地质,26(3):528-543.

杨明桂,王光辉,徐梅桂,等,2016.江西省及邻区滨太平洋构造活动的基本特征[J].华东地质,37(1):10-18.

杨明桂,王昆,1994.江西省地质构造格架及地壳演化[J].江西地质,8(4):239-251.

杨明桂,祝平俊,王光辉,2018.论华南构造-成矿单元划分[J].上海国土资源,39(4):13-18+24.

叶天竺,吕志成,庞振山,等,2014.勘查区找矿预测理论与方法:总论[M].北京:地质出版社.

叶天竺,韦昌山,王玉往,等,2017.勘查区找矿预测理论与方法:各论[M].北京:地质出版社.

叶天竺,肖克炎,严光生,2007.矿床模型综合地质信息预测技术研究[J].地学前缘,14(5):11-19.

余心起,吴淦国,舒良树,等,2006.白垩纪时期赣杭构造带的伸展作用[J].地学前缘,13(3):31-43.

余忠珍,曹圣华,罗小洪,2008.江西武夷成矿带铜多金属矿产资源远景评价与展望[J].资源调查与环境,29(4):270-278.

张春茂,2013.江西省冷水坑银铅锌矿床矿石特征及成矿条件[D].成都:成都理工大学.

张垚垚,2012.江西省冷水坑银铅锌矿田地质地球化学特征及其成因研究[D].北京:中国地质大学(北京).

张垚垚,王长明,徐贻赣,等,2010.江西冷水坑银铅锌矿床综合找矿模型[J].金属矿山(12):100-106.

周先军,李淑琴,陈立泉,2019.江西东乡火山盆地成矿规律及找矿方向探讨[J].东华理工大学学报(自然科学版),42(1):45-51.

周显荣,王刚,周建新,2011.冷水坑层控叠生型矿床推覆构造特征及控矿作用[J].中国产业(4):67-68.

朱建林,张泽元,邹静,2018.江西省东乡虎形山金铅锌矿构造控矿规律分析[J].矿产与地质,32(2):243-250.

左力艳,2008.江西冷水坑斑岩型银铅锌矿床成矿作用研究[D].北京:中国地质科学院.

左力艳,侯增谦,孟祥金,等,2010.冷水坑斑岩型银铅锌矿床含矿岩体锆石SHRIMP U-Pb年代学研究[J].中国地质,37(5):1450-1456.

CHEN G D,2006. Thinking and suggestion for mineral resources perambulation in main metallogenic belt in East China[J]. Resource Survey & Environment,27(4):251-254.

LI Z X,ZHANG L,POWELL C M,1996. Positions of the East Asian cratons in the Neoproterozoic supercontinent Rodinia[J]. Australian Journal of Earth Sciences,43:593-604.

QI Y Q,HU R Z,GAO J F,et al.,2022. Trace and minor elements in sulfides from the Lengshuikeng Ag-Pb-Zn deposit,South China:A LA-ICP-MS study[J]. Ore Geology Reviews,141:104663.

SHU L S,ZHOU X M,DENG P,et al.,2009. Mesozoic tectonic evolution of the Southeast China Block:New insights from basin analysis[J]. Journal of Asian Earth Sciences,34(3):376-391.

ZARTMAN R E,DOE B R,1981. Plumbotectonics-the model[J]. Tectonophysics,75(1-2):135-162.

ZHOU M F,YAN D P,KENNEDY A K,et al.,2002. SHRIMP U-Pb zircon geochronological and geochemical evidence for Neoproterozoic arc-magmatism along the western margin of the Yangtze block,South China[J]. Earth Planet Science Letter,196(1-2):51-67.